果树合理整形修剪图解系列

枣树合理整形修剪图解

陈敬谊　主编

化学工业出版社
·北京·

图书在版编目（CIP）数据

枣树合理整形修剪图解/陈敬谊主编. —北京：化学工业出版社，2018.11
（果树合理整形修剪图解系列）
ISBN 978-7-122-32948-6

Ⅰ. ①枣… Ⅱ. ①陈… Ⅲ. ①枣-修剪-图解 Ⅳ. ①S665.105-64

中国版本图书馆CIP数据核字（2018）第200887号

责任编辑：邵桂林　　　　装帧设计：韩　飞
责任校对：宋　夏

出版发行：化学工业出版社
（北京市东城区青年湖南街13号　邮政编码100011）
印　　装：北京天宇星印刷厂
787mm×1092mm　1/32　印张5½　字数44千字
2019年1月北京第1版第1次印刷

购书咨询：010-64518888　　售后服务：010-64518899
网　　址：http://www.cip.com.cn
凡购买本书，如有缺损质量问题，本社销售中心负责调换。

定　　价：30.00元　　

编写人员名单

主　　编　陈敬谊

编写人员　陈敬谊　程福厚

贾永祥　赵志军

柳焕章　刘艳芬

张纪英　董印丽

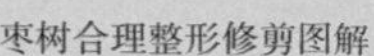

前言
PREFACE

果树栽培面积大，是农民创收、致富的主要途径之一。果树整形修剪是搞好果树栽培管理的重要环节之一，在果树生产中整形修剪技术运用是否得当对果树产量和品质影响重大。整形修剪的目的是为了使果树早结果、早丰产，延长其经济寿命，同时获得优质的果品，提高果树栽培的经济效益，使栽培管理更加方便省工。科学的整形修剪能调节枝梢生长量和结果部位，构建合理的树冠结构，改善树冠通风透光条件，有效利用光能。

修剪技术是一个广义的概念，不仅包括修剪，还包括许多作用于枝、芽的技术，如环剥、拉枝、扭梢、摘心、环刻等技术工作。随着社会及现代农业的发展，果树的管理越来越趋向于简化管理，进行省工省力化栽培。果树整形修剪技术也与过去传统的修剪方法有了很大区别。但生产中普遍存在修剪技术落后、整形修剪不规范、修剪方法运用不当、修剪程序或过程烦琐、重冬季修剪轻夏季修剪等问题，严重影响了果树的管理、产量、品质及其经济效益。

为了在果树生产中更好地推广和应用果树整形修剪技术，编者结合多年教学、科研、生产实践经验，编写了《枣树合理整形修剪图解》一书。本书以图文结合的方式详细讲解了枣树合理整形修剪技术，力图做到先进、科学、实用，便于读者掌握，为果树优质丰产打基础。

本书主要包括整形修剪基础，枣树整形修剪时期、方法，枣树的主要适用树形及特点，不同时期枣树的整形修剪技术等内容。需注意的是，整形修剪时应该根据树种、树龄和树势、肥水条件、密度、生长期、管理水平、品种等方面综合考虑，因“树”制宜，灵活运用，并要把冬季修剪和夏季修剪放在同等重要的地位，二者结合起来，才能达到应有的效果。但也应强调修剪不是万能的，要同时做好果树土肥水管理、病虫害防治等技术工作，才能达到优质丰产的目的。

本书内容实用，图文并茂，文字简练、通俗易懂，适合果树技术人员及果农使用。

由于笔者水平有限，加之时间仓促，疏漏和不妥之处在所难免，敬请广大读者指正。

编　者

2018年10月

目录
CONTENTS

第一章　整形修剪基础……………………1

第一节　枣树树体结构……………………3

第二节　整形修剪目的……………………7

一、整形修剪的概念……………………7

二、整形修剪的目的……………………10

三、修剪对枣树的作用……………………15

第三节　生长结果习性……………………22

一、根的结构和功能……………………22

二、芽的特性……………………29

三、枝的特性……………………34

四、花芽分化……………………47

五、开花、坐果……………………49

第四节　物候期…………………………59
一、枣树的生命周期………………59
二、枣树的年周期…………………61
第五节　对环境条件的要求………62
一、温度………………………………62
二、湿度………………………………64
三、光照………………………………65
四、土壤和地势………………………65
五、风…………………………………66

第二章　枣树整形修剪时期、方法…………67

第一节　整形修剪的依据……………69
一、整形修剪考虑的因素…………69
二、枣树整形修剪特点……………73
第二节　修剪的时期和方法…………76
一、冬季修剪…………………………76
二、夏季修剪…………………………78
第三节　修剪方法……………………78
一、冬季修剪方法……………………78

二、夏季修剪方法……93
第四节　整形修剪技术的创新点……105
一、枣树整形修剪应注意的问题……105
二、整形修剪技术的创新点……108

第三章　枣树的主要适用树形及特点……117

第一节　丰产树形及树体结构……119
一、对丰产树形的要求……119
二、树体结构因素分析……120
第二节　枣树的主要树形及成形过程……125
一、疏散分层形……125
二、开心形……130
三、自然圆头形……132
四、自由纺锤形……135

第四章　不同时期枣树的整形修剪技术……141

第一节　不同年龄时期枣树的整形修剪特点……143
一、幼树的整形修剪……143
二、结果期树的修剪……152
三、衰老期树的修剪……154
第二节　几个主栽品种的整形修剪要点……156
一、金丝小枣……156
二、冬枣……159

参考文献……166

第一章

整形修剪基础

第一节

枣树树体结构

枣树的地上部包括主干和树冠两部分。树冠由中心干、主枝、侧枝和枝组构成，其中的中心干、主枝和侧枝统称骨干枝，是组成树冠骨架的永久性枝的统称。

1. 树冠

一般果树树冠由中心干、主枝、侧枝、辅养枝、枝组组成。树冠是树干以上所有着生的枝、叶所构成的形体。

2. 主干

主干是地面至第一主枝之间

的部分，主要作用是传递养分，将根部吸收的水分、无机盐、叶片制造的有机物传到树冠内的枝叶上，并将叶片产生的光合产物输送到根部。主干还起到支撑作用。

3. 中心干

也叫中央领导干，指树冠中的主干垂直延长部分，主要起维持树势和树形的作用。

4. 主枝

主枝指从中心干上分生出来的大枝条，是构成树冠的永久性枝。主枝分层分布，从下向上分为第一主枝、第二主枝等。

5. 侧枝

指着生在主枝上的大枝。侧

枝是结果枝组着生的部位，一般分布在主枝的两侧。主枝上从主干向外分别为第一侧枝、第二侧枝等。

6. 骨干枝

骨干枝指构成果树树冠骨架的永久性大枝，包括中心干、主枝、侧枝。

7. 延长枝

延长枝为各级骨干枝先端的延长部分。

8. 枝组

枝组指由结果枝和生长枝组成的一组枝条，也是指具有两个以上分枝的枝群，是生长、结果的基本单位，着生在主、侧枝上，分为大、中、小三种。枝组在骨干枝上分布，背上、两侧和外围应以中、小型枝组为主，两侧及背下中、大型枝可多一些。枝组是果树生长和结果的基本单位，培养良好的枝组是丰产的基础，调整枝组布局是连年丰产、优质、延长盛果期的关键。如果做到树冠上稀下密，外疏内密，则有利于通风透光。

枣树为多年生乔木，喜光性强，树体高大，寿命长，生长势强旺，层性明显。骨干枝和结果枝组由称为枣头的当年新生发育枝逐年发育而成，在枣头上着生二次枝、枣股和枣吊来结果。枣树树体结构见图1-1。

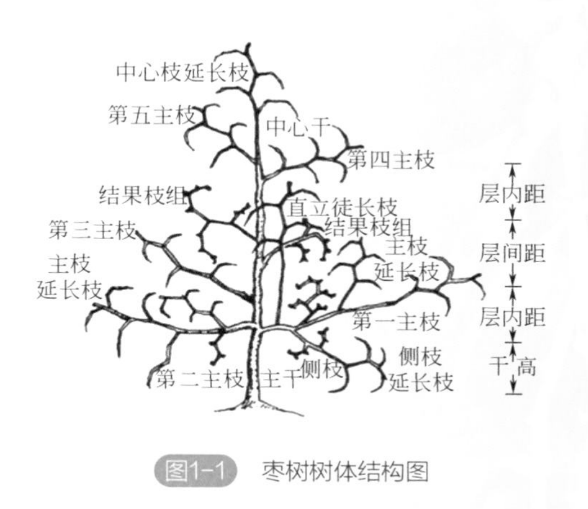

图1-1 枣树树体结构图

第二节 整形修剪目的

一、整形修剪的概念

1. 整形

从枣树幼树定植后开始，把每一株树都剪成既符合其生长结果特性，又适应于不同栽植方式、便于田间管理的树形，直到树体的经济寿命结束，这一过程叫整形。

整形的主要内容包括以下三方面。

（1）主干高低的确定　主干是指从地面开始到第一主枝的分枝处的高度。主干的高低和树体的生长速度、增粗速度呈反相关关系。栽培生产中，应根据枣树建园地点的土层厚度、土壤肥力、土壤质地、灌溉条件、栽植密度、生长期温度高低、管理水平、品种等方面进行综合考虑。一般情况下，有利于树体生长的因素越多，定干可高些，反之则低些，鲜食枣品种为采收方便，应适当定干低些。

（2）骨干枝的数目、长短、间隔距离　骨干枝是指构成树体骨架的大枝（主枝和大的侧枝），选留的原则是：在能充分满足占满空间的前提下，大枝越少越好，修剪上真正做到“大枝亮堂堂，小枝闹攘攘”；主枝的长度应以行距的一半为宜，避免交叉，同时利于通风透光，为果园管理和田间作业提供方便；主枝间隔距离应掌握主枝越大，间隔距离越大；主枝越小，间隔距离越小的原则。

（3）主枝的伸展方向和开张角度的确定　主枝应该尽量向行间延伸，避免向株间方向延伸，以免造成郁闭和交叉，主枝的开张角度应根据密度来确定，密度越大，开张角度应该加大，密度小则角度应小，目的是有利于控制树冠的大小。

2. 修剪

修剪就是指在果树整形过程中和完成整形后，为了维持良好的树体结构，使其保持最佳的结果状态，每年都要对树冠内的枝条，冬季适度地进行疏间、短截、回缩及甩放；夏季采用拉枝、扭梢、摘心等技术措施，以便在一定形状的树冠上，使其枝组之间新旧更替，结果不绝，直到树体衰老不能再更新为止，这个过程就叫作修剪。

二、整形修剪的目的

整形修剪是枣树生产和管理上一项重要的管理技术之一。整形修剪能调节枝梢生长量和结果部位，构建合理的树冠结构，改善树冠通风透光条件，有效利用光能。枣树整形修剪的目的是为了使果树早结果、早丰产，延长其经济寿命，同时获得优质的果品，提高经济效益，使栽培管理更加方便省工。具体来说有以下几个方面。

1. 通过修剪完成果树的整形和维持良好的树体结构

通过修剪，使其有合理的干高，骨干枝分布均匀，伸展方向和着生角度适宜，主从关系明确，树冠骨架牢固，与栽培方式相适应，为丰产、稳产、优质打下良好的基础。同时通过修剪使树冠整齐一致，每个单株所占的空间相同，能经济地利用土地，并且便于田间的统一管理。同时随着树龄的增加和大量结果，树体结构有可能发生变化，可通过每年修剪来维持原来良好的结果，做到树体上小下大，枝条外稀里密，通风透光。

2. 调节生长与结果的关系

果树生长与结果的矛盾是贯穿于其生命过程中的基本矛盾。从果树开始结果以后，生长与结果多年同时存在，相互制约，对立统一，在一定条件下可以相互转化。修剪主要是应用果树这一生物学特性，对不同品种、不同树龄、不同生长势的树，适时、适度地做好这一转化工作，使生长与结果之间建立起相对的平衡关系。

3. 改善树冠光照状况，加强光合作用

枣树是北方果树中最喜光的树种之一，果树所结果实中，95%左右的有机物质都来自光合作用，因此要获得高产，必须从增加叶片数量、叶面积系数、延长光合作用时间和提高叶片光合率4个方面入手。整形修剪就是在很大程度上对上述因素发生直接或间接的影响。例如选择适宜的矮、小树冠，合理开张骨干枝角度，适当减少大枝数量，降低树高，拉大层间距，控制好大枝组等。都有利于形成外稀里密、上疏下密、里外透光的良好结构。另外，可以结合枝条变向，

调整枝条密度，改善局部或整体光照状况，从而使叶片光合作用效率提高，有利于成花和提高果实品质。

4. 改善树体营养和水分状况，更新结果枝组，延长树体衰老

整形修剪对果树的一切影响，其根本原因都与改变树体内营养物质的产生、运输、分配和利用有直接关系。如重剪能提高枝条中水分含量，促进营养生长，扭梢、环剥可以提高手术部位以上的碳水化合物含量，从而使碳氮比增加，有利于花芽形成。通过对结果枝的更新，做到“树老枝不老”。

总之，整形与修剪可以对果

树产生多方面的影响，不同的修剪方法、有不同的反应，因此，必须根据果树生长结果习性，因势利导，恰当灵活地应用修剪技术，使其在果树生产中发挥积极的主要。

三、修剪对枣树的作用

修剪技术是一个广义的概念，不仅包括修剪，还包括许多作用于枝、芽的技术，如环剥、拉枝、扭梢、摘心、环刻等技术工作。整形修剪应可调整树冠结构的形成，果园群体与果树个体以及个体各部分之间的关系。而其主要作用是调节果树生长与结果。

1. 修剪对幼树的作用

修剪对幼树的作用可以概括成8个字：整体控制，局部促进。

（1）局部促进作用　修剪后，可使剪口附近的新梢生长旺盛，叶片大，色泽浓绿。原因有以下几个方面。

① 修剪后，由于去掉了一部分枝芽，使留下来的分生组织，如芽、枝条等，得到的树体储藏养分相对增多。根系、主干、大枝是储藏营养的器官，修剪时对这些器官没影响，剪掉一部分枝后，使储藏养分与剪后分生组织的比例增大，碳氮比及矿质元素供给增加，同时根冠比加大，所以新梢生长旺，叶片大。

② 修剪后改变了新梢的含水量 修剪树的新梢、结果枝的含水量都有所增加，未结果的幼树水分增加的更多，水分改善的原因有：a．根冠比加大，总叶面积相对减少，蒸腾量减少，生长前期最明显；b．水分的输导组织有所改善，因为不同枝条中输导组织不同，导水能力也不同，短枝中有网状和孔状导管，导水力差，剪后短枝减少，全树水分供应可以改善；长枝有环纹或螺纹导管，导水能力强，但上部导水能力差，剪掉枝条上部可以改善水分供应；因此在干旱地区或干旱年份修剪应稍重一些，可以提高果树的抗旱能力；c．修剪后枝条中促进生长的激素增加。据测定，修剪后的枝条

内细胞激动素的活性比不修剪的高90%，生长素高60%。这些激素的增加，主要出现在生长季，从而促进新梢的生长。

（2）整体控制作用　修剪可以使全树生长受到抑制，表现为总叶面积减少，树冠、根系分布范围减少，修剪越重，抑制作用越明显。其原因为：①修剪剪去了一部分同化养分，一亩枣树修剪后，剪去纯氮2千克、磷0.567千克、钾1.5千克，相当于全年吸收量的4%～5%，很多碳水化合物被剪掉了；②修剪时剪掉了大量的生长点，使新梢数量减少，因此叶片减少，碳水化合物合成减少，影响根系的生长，由于根系生长量变小，从而抑制地上部生长；③伤口的影响，修剪后伤口愈合需要营养物质和水分，因此对树体有抑制作用，修建量愈大，伤口愈多，抑制作用越明显。所以，修剪时应尽量减少或减小伤口面积。

修剪对幼树的抑制作用也因不同地区而有差异，生长季长的地区抑制作用较轻，反之较重。

2. 修剪对成年枣树的作用

（1）成年树的特点　成年树的特点是枝条分生级次增多，水分、养分输导能力减弱，加之生长点多，叶面积增加，水分蒸腾量大，水分状况不如幼树。由于大部分养分用于花芽的形成和结果，使营养生长变弱，生长和结果失去平衡，营养不足时，会造成大量落花落果、产量不稳定，有时会形成“大小年”。

此外，成年树易形成过量花芽，过多的无效花和幼果白白消耗树体储藏营养，使营养生长减弱。随着树龄增长，树冠内出现秃壳现象，结果部位外移，坐果率降低，产量和品质降低，抗逆性下降。

（2）修剪的作用　修剪的作用主要表现在以下方面。

① 通过修剪可以把衰弱的枝条和细弱的结果枝疏掉或更新，改善了分生组织与储藏养分的比例，同时配合营养枝短截，这样改善水分输导状况，增加了营养生长势力，起到了更新的作用，使营养枝增多，结果枝减少，光照条件得到改善。所以成年树的修剪更多地表现为促进营

养生长，协调生长和结果的平衡关系。因此，连年修剪可以使树体健壮，实现连年丰产的目的。

② 延迟树体衰老　利用修剪经常更新复壮枝组，可防止秃裸，延迟衰老，对衰老树用重回缩修剪配合肥水管理，能使其更新复壮，延长其经济寿命。

③ 提高坐果率，增大果实体积，改善果实品质　这种作用对水肥不足的树更明显，而在水肥充足的树上修剪过重，营养生长过旺，会降低坐果率，果实变小，品质下降。

修剪对成年树的影响时间较长，因为成年树中，树干、根系储藏营养多，对根冠比的平衡需要的时间长。

第三节 生长结果习性

一、根的结构和功能

根系是枣树赖以生存的基础，是枣树的重要地下器官。根系的数量、粗度、质量、分布深浅、活动能力强弱，直接影响枣树地上部的枝条生长、叶片大小、花芽分化、坐果、产量和品质。土壤的改良、松土、施肥、灌水等重要果树管理措施，都是为了给根系生长发育创造良好的条件，以增强根系的生长和代谢活动、调节树体上下部平衡、协调生长，从而实现枣树丰产、优质、高效的生产目的。

1. 根系的功能

根是枣树树重要的营养器官，根系发育的好坏对地上部生长结果有重要影响。根系有固定、吸收、输导、合成、储藏、繁殖6大功能。

（1）固定　根系深入地下，既有水平分布又有垂直分布，具有固定树体、抗倒伏的作用。

（2）吸收　根系能吸收土壤中的水分和许多矿物质元素。

（3）储藏营养　根系具有储藏营养的功能，枣树第二年春季萌芽、展叶、开花、坐果、新梢生长等所需要的营养物质，都是上一年秋季落叶前，叶片制造的营养物质，通过树体的韧皮部向下输送到根系内储藏起来，供应树体地上部第二年开始生长时利用的。

（4）合成　根系是合成多种有机化合物的场所，根毛从土壤中吸收到的铵盐、硝酸盐，在根内转化为氨基酸、酰胺等，然后运往地上部，满足各个器官（花、果、叶等）正常生长发育的需要。根还能合成某些特殊物质，如激素（细胞分裂素、生长素）和其他生理活性物质，对地上部生长起调节作用。

（5）输导作用　根系吸收的水分和矿质营养元素需通过输导根的作用，运输到地上部供应各器官的生长和发育。

（6）繁殖　有萌蘖更新、形成新的独立植株的能力。

2. 根系的结构和分布

枣树的根系由水平根、垂直根、侧根和须根组成。枣树的根系因繁殖方法不同而有差别。用种子繁殖的或用实生酸枣为砧木嫁接繁殖的枣树水平根和垂直根都比较发达。根蘖繁殖（枣的根系通过产生不定芽可以形成苗木，其根系称根蘖根系）的枣树水平根发达，垂直根较差。水平根和垂直根构成根系的骨架，为骨干根，其上可发生侧生根，多次分枝形成侧生根群。

（1）水平根　枣树的水平根发达，是枣树根系的骨架，沿水平方向向四处扩延生长的能力强，分布范围广，能超过树冠的3～6倍。但一般多集中于近树干1～3米处。枣树的根系易发生根蘖，可供繁殖用。

水平根的主要功能是扩大根系分布范围，增加吸收面积。水平根一般多分布在表土层，以15～30厘米深的土层内最多，为根系的集中分布层，50厘米以下的土层很少分布。

（2）垂直根　实生根系有发达的垂直根，根蘖苗的垂直根由水平根的分根垂直向下延伸生长而成。垂直根主要分布在树冠下面，约占总根量的50%。分布深度与品种、土壤类型、管理水平有关，一般为1～4米。枣树垂直根起固定树体及吸收深层土壤中的养分和水分的作用。

（3）侧根　主要由水平根的分根形成，延伸能力较弱，但分支能力强。侧根加粗增长，转化为骨干根，成水平根或垂直根。在侧根上着生许多须根，主要功能是吸收水分和养分，并产生不定芽抽生根蘖，培育枣苗。

（4）须根　又称吸收根，着生在水平根及侧根上，垂直根也着生少量须根。须根的粗度为1～2毫米，长30厘米左右。须根寿命短，有自疏现象，进行周期性更新。土壤条件适宜，管理水平高，则须根多，吸收能力强；反之则弱。枣树根系分布与品种、土壤条件和管理措施等有关。一般大枣类型根系分布深广，小枣类型则较浅，精细管理的枣园根系发达，放任生长的枣树则根系生长较差，产量也低。

3. 根系的年生长动态

果树的根系没有自然休眠期，只要外界环境条件合适，一年四季都能生长，一般有2～3个高峰期。

（1）根系的生长高峰期　由于根系生长需要碳水化合物，所以根系的生长高峰期和地上部需要营养时期相反（有一定的时间差异），一般萌芽开花前、新梢停长后到果树迅速膨大前、采果后为根系的生长高峰期。

（2）生长动态　早春，枣树根系的生长先于地上部。根系开始生长的时间因品种、地区、年份不同而异。河南新郑灰枣根系生长高峰在7月中旬至月底。山西郎枣根系在7月上旬至8月中旬为迅速生长期，8月末生长速度急剧下降。

枣树的根系生长需要较高的土壤温度。土温在7.3～20℃枣树根系开始生长，20～25℃生长旺盛。在河北保定于萌芽前的4月初根系开始活动，但生长缓慢；到4月下旬至5月上旬，随土温的上升，根系生长加快；到7月中旬至8月中旬，达生长高峰；到9月上旬生长趋于下降；到11月中旬根系仍有微弱活动。

二、芽的特性

枣树有两种芽和四种枝条，即主芽和副芽，枣头、二次枝、枣股和枣吊，枣树的枝芽特性与其他果树显著不同。

枣树的芽为复芽，由一个主芽和一个副芽组成，副芽着生在主芽的侧上方。主芽有芽的形态，外面有鳞片，每组鳞片三个，中间的相当于叶，两旁的相当于托叶，每组内各有一个副芽（副维梢）。枣树的花芽在脱落性结果枝——枣吊上。

1. 主芽

为鳞芽，又称正芽或冬芽，多着生在二次枝基部及枣头一次枝和枣股的顶端。主芽形成后一般当年不萌发，为晚熟性芽。至第二年春天萌发可成为发育枝（枣头），也可萌发成为结果母枝（枣股），有时不萌发而成为“隐芽”。隐芽的寿命很长。有的可达数十甚至数百年，受刺激后易于萌发，这一特性有利于树体更新复壮，也是枣树长寿的基础。

主芽着生在枣头和枣股的顶端，或侧生在枣头一次枝和二次枝的叶腋间，见图1-2～图1-4。因其着生部位不同，生长发育习性也不同。着生在枣头顶端的主芽，具有针刺状鳞片，在冬前已分化出主雏梢和副雏梢，春季萌发后，形成枣头的一次枝。侧生的主芽春季萌发后，其最早形成

图1-2 枣头顶芽（顶主芽）

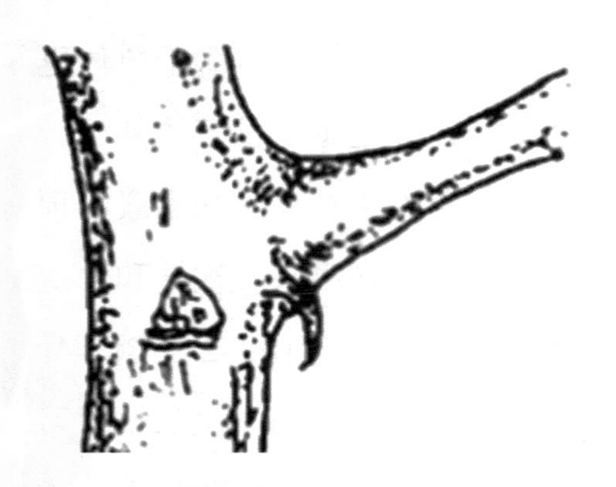

图1-3 腋芽（主芽）

图1-4 腋芽

的1～2个副雏梢，常发育不良而不抽枝。

2. 副芽

又称夏芽，为裸芽，着生在主芽左上方或右上方。副芽随枝条生长萌芽，为早熟性芽。主芽萌发后形成新的枣头或枣股，随生长各节陆续形成主芽副芽，其中枣头上的副芽萌发成二次枝，枣股上的副芽随形成随萌发成枣吊。枣股的侧生主芽发育极不良，呈潜伏状，仅在枣股衰老后受刺激而萌发形成分歧枣股，俗称“鸡爪子”，但生长弱、结实力差。枣股上也可抽生枣头，一般生长弱利用价值不高。但幼树整形时，二次枝基部仅留一个枣股短截，可刺激枣股上的主芽萌出角度开张的健壮枣头作为主枝。

三、枝的特性

1. 枝的生长特性

枝的生长分加长生长和加粗生长两种方式。影响枝生长的因素有品种、砧木、有机养分、内源激素和环境。

（1）顶端优势　指活跃的顶端分生组织抑制侧芽萌发或生长的现象。

（2）垂直优势　指直立枝生长旺，水平枝生长弱。

（3）树冠的层性　指主枝在树干上分层排列的自然现象，是芽的异质性造成的，与整形有关。

2. 枝的分类

枣幼树枝条一般生长较旺

盛，树姿直立，干性较强；长成成龄树后长势中庸，树姿开张，枝条萌芽力、成枝力降低。枣树的枝条可分为枣头（发育枝）、二次枝、枣股（结果母枝）和枣吊（结果枝）四种。

（1）枣头　枣头就是当年萌生的发育枝，是中心主轴和侧生二次枝的总称。通常在生长期的称为当年生枣头，秋末落叶后至下一年萌芽前的称为1年生枣头，第二年萌芽后到第三年萌芽前的称为2年生枣头，3年生以后除特殊需要的统称为多年生枣头。枣头萌生初期为浓绿色，随着逐渐木质化，由基部开始向褐色转变。秋季落叶后，不同品种间颜色有较大差异，有黄褐色、红褐色、紫褐色或浅灰色、灰绿色、灰褐色等颜色，这是区别品种的标志之一。在枣头基部侧生的二次枝，其上着生叶片，当年可以开花结果，秋后脱落，称为脱落性二次枝。枣头中上部侧生的二次枝，秋后不脱落，称为永久性二次枝。永久性二次枝呈“之”字形弯曲生长。在永久性二次枝的每个节上着生一个枣股，枣股的芽当年可萌发生成三次枝。这些三次枝和枣头基部与下部的侧生二次枝同样着生叶片，可以当年开花结果，秋后脱落，均称为脱落性结果枝，因枣果吊在其上，又被称为枣吊。永久性二次枝是形成枣股的基础，又被称为结果基枝。

枣头是营养生长性枝条，是形成树冠的骨干枝和结果基枝的基础枝条。其生长力强，能连续单轴延伸生长，加粗生长也很快，能很快地构成枣的树体骨架，扩大树冠。多数品种枣头中下部二次枝上的枣吊当年就能开花结果，可利用来扩大结果面积，提高产量。而上部的二次枝因形成较晚，往往不能形成花芽，或仅有花而无果。

枣头的生长势强旺，幼树年生长量一般可达1米以上。在幼树、旺树和更新树上，枣头一年中常有两次生长的现象，但在两次生长之间，不似苹果的春、秋梢那样有明显的界线。枣树的树龄不同，枣头的萌生状况也不同。幼旺树在枝条的先端枣头萌生较多，进入盛果期后枝条先端萌生逐渐减少，而多在主干上和大枝基部萌生。进入衰老期后几乎不能萌生枣头，但在受到机械伤或进行更新修剪时，刺激隐芽，仍能萌发大量枣头，可用于树冠更新，复壮树势，延长结果年限。枣头、二次枝、主芽示意图见图1-5、图1-6。

（2）二次枝　枣树的二次枝是由枣头萌芽后的伸长生长过程中的叶腋间的夏芽当年萌发而成。二次枝的长短决定于枣头的生长势力，生长势强则较长，生长势弱则短，而且枣树的二次枝还有一个不同于其他果树的特点，即只加长生长一年，以后不再延长。其上着生结果母枝，如果在整形过程中需要配备骨干枝或大的结果枝组，则必须通过对某个二次枝进行重短截、萌发出

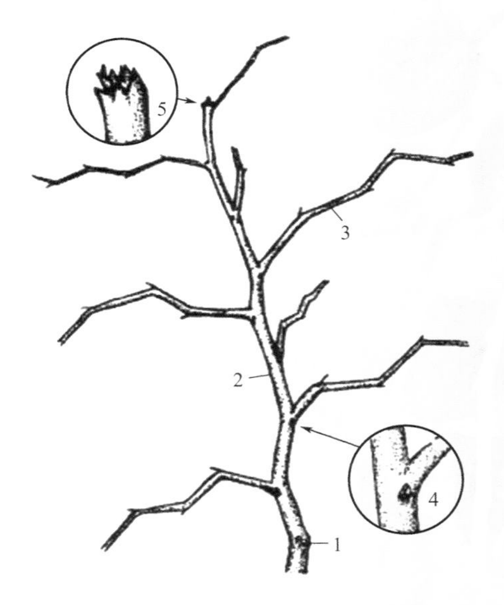

图1-5 枣头、二次枝、主芽示意图

1—枣头萌发状；2—枣头主轴；3—永久性二次枝；4—枣头腋间主芽；5—枣头顶生主芽
（摘自刘孟军主编,《中国同心圆枣》,
中国农业出版社，2009）

图1-6 枣头及二次枝（结果状）

新的枣头来培养成大枝。

（3）枣股　着生在枣头永久性二次枝节上或枣头顶端的短缩结果母枝称为枣股。和其他果树的结果母枝相似，每年由其上抽生枣吊开花结果，是枣树的重要器官，见图1-7。枣股一旦形成，可多年连续生长结果。枣股的生长很慢，一年只有1～2毫

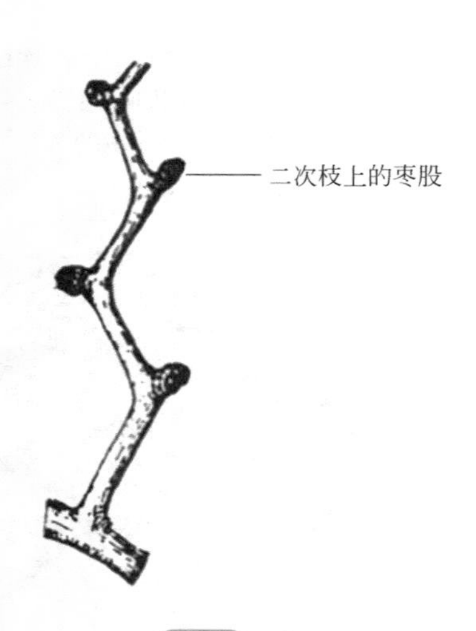

图1-7　枣股

米。每枣股一般抽生2～5个枣吊。健壮的枣股抽生的枣吊数量多，结实能力强。枣股上抽生的枣吊的结果能力与枣股着生的部位、股龄及栽培管理水平有关，以3～8年生的枣股结实能力强。枣股上的主芽也可萌发形成枣头。当遭到自然灾害或人为掰掉枣股上的枣吊后，当年可再次萌发新的枣吊并开花结果。

对幼龄枣树的二次枝进行较重短截，其剪口附近的枣股还能抽生出强壮的枣头，可以用来培养骨干枝。壮年树可利用枣股抽生枣头来修补树冠，更新结果枝组。衰老期则可用来进行树冠更新。

由枣股所抽生的枣吊，是结果的基础。只有增加枣吊才能增加产量，只有增加枣股才能增加枣吊。在加强肥水综合管理的前提下，正确修剪，培养大量健壮枣股，才能获得高产。

二次枝（图1-8）枣头的中上部着生的永久性枝条，称为二次枝，呈“之”字形弯折生长，是形成枣股的基础。二次枝当年停长后，顶端不形成顶芽，以后也不再延长生长，并随树龄的增

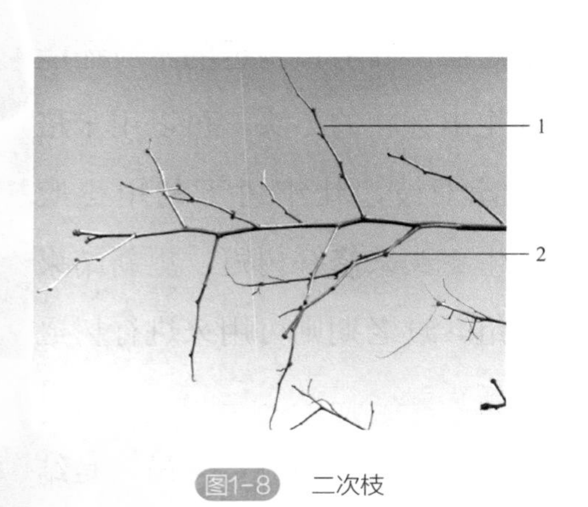

图1-8 二次枝

1—二次枝；2—枣股

长，逐渐从先端向后枯缩，加粗生长也较缓慢。枣头一次枝和二次枝的节部均具有两个由托叶变成的托刺（或针刺）。一次枝上的托刺直生、较短，长短不等；二次枝上的托刺一长一短，长刺粗壮、向前斜伸，短刺向后弯曲。有的品种托刺退化。

（4）枣吊　不同于其他果树的结果枝，枣吊是由副芽或结果母枝萌发而来，是枣树的结果枝，当年形成、当年萌发、当年脱落，又叫脱落性枝。枣吊主要着生于枣股上，当年生枣头一次枝基部和二次枝各节也着生枣吊（见图1-9、图1-10）。枣吊纤细柔软，开花结果后逐渐下垂，并可随风飘动。枣吊每年从枣股上萌发，随着枣吊生长，叶

图1-9 生长季开花的枣吊

图1-10 生长季结果的枣吊

片增多，在叶腋间形成花序，开花结果，即枣树的枝条生长和开花结果同时进行。枣吊一般为10～18节，长12～25厘米，最长可达40厘米以上。在同一枣吊上以3～8节叶面积最大，4～7节坐果较多。生长弱的树，枣吊短，节数也少。一般枣吊在秋后随叶片一起自然脱落。但在枣树重剪后形成的强旺枝或重摘心后的新枣头上，部分枣吊往往半木质化或木质化，而不脱落。木质化枣吊坐果能力强，所结枣果个大，色艳，含糖量高，口感好，同时可比其他部位的果实早成熟5～7天。因而在生产上可多利用枣吊木质化这一特性，生产出高质量的枣果。

3. 枝芽互相转化

枣树的枝芽间以及生长性枝和结果性枝间有相互依存、相互转化和新旧更替的关系。如枣树的主芽着生在枣头和枣股上，主芽萌发后则形成枣头或枣股，这两类枝条不但生长势不同，形态和功能也都不一样。枣头或枣股可相互转化。如更新修剪，枣股受刺激，可抽生枣头；枣头适时摘心，抑制一次枝形成二次枝，可将之转变为结果性枝。枣头上的二次枝均由副芽形成，其上的主芽形成枣股，表明结果性枝依赖于生长性枝。

枣树枝芽关系见图1-11。

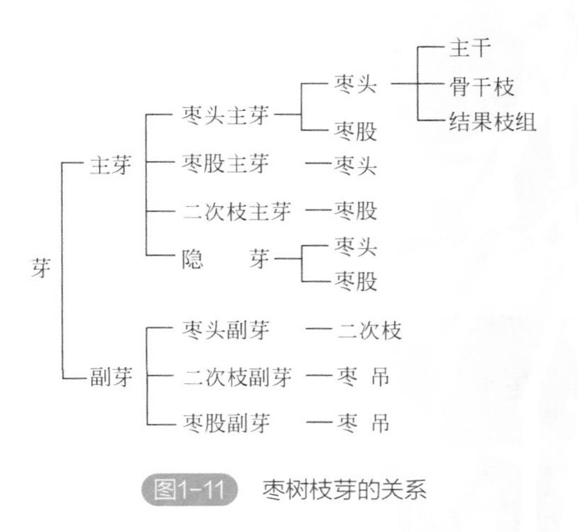

图1-11　枣树枝芽的关系

（摘自：杨丰年，1990）

四、花芽分化

花芽分化指叶芽的生理和组织状态转化为花芽的生理和组织状态。枣树花芽分化与北方的其他果树不同，其花芽分化的特点是：当年分化、随生长随分化、分化期短、单花分化速度快，但全树的花芽分化期和开花期持续时间很长。

枣树的花芽当年分化，随枣股和枣头的主芽萌发而开始，随枝条生长陆续进行，停止生长，分化也结束，即花芽分化与枝条生长同时进行。当枣吊幼芽长2～3毫米时，花芽已开始分化，即在枣吊生长点侧方出现第一片幼叶时，其叶腋间即有苞片突起发生，花芽原始体即将出现，随枝条不断生长，基部的花芽在不断加深分化，至枣吊幼芽长1厘米以上时，最早分化的芽已完成花的形态分化。

枣花芽分化的速度快，完成单花分化仅历时6天左右，花序分化结束约需时6～20天，一个枣吊花芽分化期历时1个月左右，单株分化期长达2～3个月。

完成花芽发育周期而开花需时较短，仅42～54天。

枣吊各节芽体增长高峰出现在5月上、中旬，枣树在花前生命活动已很旺盛。

在一个花序中，花的质量一般中心花最好，花的级别越高，质量越差，多级花易出现僵芽和落蕾现象。

五、开花、坐果

枣树在短缩的结果母枝（枣股）腋间形成许多侧芽，于春季分化花芽变为混合芽，然后抽生结果枝并在其上开花结果。

1. 授粉与结实概念

（1）授粉　花粉从花药传导柱头上的过程，叫授粉。花有风媒花和虫媒花两种类型。枣树的花是典型的虫媒花。

（2）授粉方式　有自花授粉（同一品种内的授粉）和异花授粉（不同品种间的授粉）两种方式。

（3）结实　子房或子房及其附属部分发育成果实的现象，叫结实。

2. 花和花序

枣开花分蕾裂、初开、萼片展平、花瓣与雄蕊分离、花瓣展平、花瓣下垂、雄蕊展平、雄蕊下垂等过程。在一花序内，一般中心花先开，再1～2级花，多级花后开。在同一枣吊中，以枣吊中部的花期长，枣吊基部节花期最短。

枣花开放需要一定温度，日均温度达23℃以上时进入盛花期，温度升高、花期提早，连日高温可缩短花期，温度过低会影响开花。

枣树开花要求适宜的湿度，适时适量降雨对开花坐果有利。

（1）开花　枣花着生于枣吊叶腋间，一般一个叶腋的花序有花3～10朵，见图1-12～图1-15。营养不足可产生单花花序。

枣花开放以树冠外围最早，渐及树冠内部，枣吊开花顺序从近基部逐节向上开放；花序中，中心花先开，再一级花、二级花、多级花。小枣、婆枣、铃枣单花开放时间约12～13小时，大枣、酸枣约17～18小时，单

图1-12 枣花结构

1—花萼；2—雌蕊；3—蜜盘；4—雄蕊；5—花瓣

图1-13 枣花序的开花顺序

1～4—花序内的各级花

花开放在一天内完成。

枣树开花时间可分为日开型（蕾裂时间在上午10时至下午

图1-14 着生于枣吊叶腋间枣花

2时左右，如金丝小枣、无核小枣、婆枣、赞皇大枣、圆铃枣等）、夜开型（蕾裂从22时起到翌日凌晨3～5时，如灵宝大枣、新郑灰枣、相枣等）两类。但两种类型主要散粉和授粉时间均在白天，对授粉影响不大。

图1-15 枣花序开花顺序

枣花授粉和花粉发芽与自然条件有关，低温、干旱、多风、连雨天气对授粉不利，枣花粉发芽以24～26℃、相对湿度70%～80%最为适宜。花期喷水增加湿度，同时喷赤霉素920、硼微量元素等方法可大幅提高坐果率。

枣花粉的生活力与开花期有关，以蕾裂到半开期花粉发芽率最高。在花粉发芽过程中，喷少量硼酸（10毫克/升）可提高发芽率。

（2）授粉　枣花开放时，香气浓，蜜汁丰富，是典型的虫媒花。枣树自花授粉结实率高，一般不用配置授粉树。少数品种自花结实率低，需配授粉树，但异花授粉坐果率更高。应在枣园混栽两个以上的品种有利于坐果。应利用花期放蜂，完成授粉。

（3）落花落果　枣花芽量大，而落花落果严重，自然坐果仅为开花数的1%左右，如铃枣坐果率为0.13%～0.36%、郎枣1.3%、晋枣1.39%、金丝小枣

0.4% ～ 1.6%、冷枣1.7%，婆枣坐果率高，也仅1% ～ 2%。

花期遇干旱、低温、高温、多雨、大风等不良气候，会出现大量落花现象。在北方地区落果高峰约出现在6月中、下旬至7月上旬，此时正是盛花期后，幼果迅速生长初期，落果量约占总量的50%以上；至7月中、下旬虽仍有落果，但逐渐减少，生理落果基本结束。以后落果多由病虫或生理病害引起，有的产区落果与气候和管理条件有关。

枣的落果量虽因品种而不同，但生理落果的主要原因由营养不良引起。因枣花芽量大，在花芽分化和开花过程中，消耗了大量的储藏养分，导致在开花前后出现落蕾落花现象，至盛花期后，大批幼果因营养不良而变黄，甚至叶色变浅，表现缺乏营养的症状。

3. 果实生长发育

果实发育可分为以下3个时期。

（1）迅速生长期　这是果实发育最活跃的时期，果实的各个部分生命活动旺盛，细胞迅速分裂，分裂期一般2～4周，在细胞分裂期细胞体积增长缓慢。细胞分裂一旦停止，细胞体积迅速增长，果实的各个部分出现增长高峰。此期消耗养分较多，如肥水不足，影响果实发育甚至落果。

（2）缓慢增长期　果实的各个部分增长速度下降，核硬化，种仁进一步充实、饱满，期末达增长高峰，随即停止生长，种仁生长期较果肉、种核均短。此期持续期长短因品种而异，一般约4周，持续期长的果实较大，期内完成果形的变化，具品种的特征。

（3）熟前增长期　细胞和果实的增长均很缓慢，主要进行营养物质的积累和转化，果实达一定大小，果皮绿色转淡，开始着色，糖分增加，风味增进，直至果实完熟、具该品种的特征特性为止。

在果实成熟过程中个别品种有裂果现象，后期多雨年份严重。据观察裂果不但与品种有关，而且果实的向阳面、着色部位易发生裂果现象。

第四节

物候期

一、枣树的生命周期

1. 生长期

又称主干延伸期。此期离心生长旺盛，根系迅速扩大，枣头多单轴延伸生长，虽能开花但结果很少。此期短者3～4年，长者7～8年。

2. 生长结果期

又称树冠形成期。生长结果期枣树生长仍较旺盛，分枝量增多，树冠不断扩大，树体骨架基本形成，逐渐由营养生长向生殖生长转化，但产量不高，此期一般持续15年左右。

3. 结果期

即盛果期。此期根系和树冠扩大达最大限度，生长变缓，结果量迅速增加，产量达最高峰，后期出现向心更新枣头，此期一般可达50年以上。

4. 结果更新期

此期树冠内部枯死枝条渐多，部分骨干开始向心更新，树冠逐渐缩小，结实力开始下降，产量降低。一般此期可延续到80年左右。

5. 衰老期

这个时期树势衰退，树冠根系逐渐回缩，主要由树冠内发生的更新枝结果，产量很低，品质下降。枣树一般在80～100年左右进入衰老期。

二、枣树的年周期

枣树是落叶果树，有明显的生长期和休眠期。枣的生长期约为160～185天。枣树生长发育需较高的温度，枣树比一般果树萌芽晚、落叶早。春季气温达13～14℃时开始萌芽。华北地区，一般于4月中下旬萌芽，5月下旬至6上中旬为花期，6月下旬至7月上旬为终花期，花期长达一个半月。枣头、枣吊的生长期，自萌芽开始至7月上中旬停止，为80～90天。

果实着色期品种之间差异较大，早熟品种一般8月初开始着色，晚熟品种9月上旬开始着色。果实采收期在9月下旬至10月中旬。落叶期在10月下旬至11月上旬。生育期约180天。

枣树的物候期的特点一是生育期短；二是萌芽、枝叶生长、花芽分化、开花坐果、幼果发育等物候期严重重叠，营养竞争激烈。

第五节 对环境条件的要求

一、温度

枣树为喜温树种，萌芽晚，落叶早。当气温上升到13～

15℃时枣芽开始萌动；枝条迅速生长和花芽大量分化期要求有17℃以上的温度；日平均温度在20℃以上时进入始花期，22～25℃达盛花期。

不同品种对温度的要求不同，金丝小枣、婆枣到22～23℃时进入盛花期，圆铃枣日均温到25℃且持续数日坐果良好。晋枣花期适温为20～27℃，对温度的适应范围较大，有利于坐果。

果实生长期要求24℃以上的温度，到果实完熟期需要100天左右，积温要求2430～2480小时，温度较低的地区成熟期相对推迟。积温不足，果实不能完全成熟，干物质积累少，品质下降。在气温较高的南方栽培区，成熟期相对提前。

果实成熟期的温度为18～22℃，在成熟期昼夜温差大有利于碳水化合物的积累，增进品质。气温下降至15℃开始落叶，至初霜期落完。

枣树休眠期耐寒能力较强。在辽宁熊岳绝对最低温度为-30℃，新疆哈密绝对最低温度为-32℃，枣树均能安全越冬。

二、湿度

枣授粉受精要求一定的空气湿度，湿度不足影响授粉受精，落花落果严重。在果实着色至采收以及晾晒过程中雨量过多，易引起浆裂。

枣树的抗旱、耐涝能力最强。成龄大树，能耐长期干旱。地面积水1～2个月枣树仍能存活，甚至还有产量。枣树的永久萎蔫系数在3%以下。

三、光照

枣喜光，光照不足明显影响枣的生长与结果。光照强度在一定范围内与枣树生长量有明显的正相关，光照强度增大，枣吊生长量和叶面积随之增大。生产上应注意合理密植，调整好树体结构，以利通风透光，防止树冠郁闭。

四、土壤和地势

枣树对土壤的适应能力极强，无论是沙壤土、粉沙土、黏壤土，枣树均能正常生长。枣对土壤含盐量的适应性较强。如金丝小枣在土壤含盐量0.25%以下，根系与树体生长均正常，产量较高；当总盐量达到0.3%时，根系生长较差，树体衰弱，产量降低。

枣对土壤酸碱度适应能力较强，在土壤pH值为5.5～8.5的土壤，枣树生长结果正常。枣对地势要求不严，平原、沙荒、丘陵山地均可栽植。但在土层深厚、肥沃的土壤栽植的枣树生长健壮，产量高，品质优良，经济寿命长。

五、风

枣树较抗风，但在花期风沙过大过多，枣园湿度下降，影响蜜蜂传粉，受精不良，易导致落花落果。果实成熟期遇大风，落果严重。在休眠期枣树抗风能力很强，枣树可作为防风固沙树种。

第二章

枣树整形修剪时期、方法

第一节 整形修剪的依据

一、整形修剪考虑的因素

1. 不同品种的特性

枣树品种不同，其生物学特性也不同，如在生长强弱、分枝角度、枝条硬度、花芽形成难易、中心干强弱，以及对修剪敏感程度等方面都有差异。因此，根据不同品种的生物学特性，切实采取针对性的整形修剪方法，才能做到因品种科学修剪，发挥其生长结果特点。

2. 树龄和树势

树龄和生长势有着密切关系，枣树幼树至结果前期，一般树势旺盛，或枝力强，萌芽率低，而盛果期树生长势中庸或偏弱，萌芽率提高。前者在修剪上应做到：小树助大，实行轻剪长放多留枝，多留花芽多结果，并迅速扩大树冠。后者要求大树防老，具体做法是适当重剪，适量结果，稳产优质。但也有特殊情况，成龄大树也有生长势较旺的。当然对于旺树，不管树龄大小，修剪量都要小一些，不过对于大树可采取其他抑制生长措施，如环剥或叶面喷施生长抑制剂等。

3. 修剪反应

修剪反应是制定合理修剪

方案的依据，也是检验修剪好坏的重要指标。因为同一种修剪方法，由于枝条生长势有旺有弱，状态有平有直，其反应也截然不同。怎么看修剪反应，要从两个方面考虑：一个是要看局部表现，即剪口、锯口下枝条的生长、成花和结果情况；另一个是看全树的总体表现是否达到了你所要求的状况，调查过去哪些枝条剪错了，哪些修剪反应较好。因此，果树的生长结果表现就是对修剪反应客观而明确的回答。只有充分了解修剪反应之后，我们再进行修剪就会做到心中有数，做到正确修剪。

4. 自然条件和栽培管理水平

枣树在不同的自然条件和管

理条件下，树体的生长发育差异很大，因此修剪时应根据具体情况，如年均温度、降雨量、技术条件、肥水条件，分别采用适当的树形和修剪方法。如贫瘠、干旱地区的果园，树势弱、树体小、结果早，应采用小冠树形，定干低一些，骨干枝不宜过多、过长。修剪应偏重些，多截少疏、注意复壮树势，保留结果部位。在肥、水条件好的果园，加之高温、多湿、生长期长，土层深厚，管理水平低的果园，果树发枝多，长势旺，应采用大、中树形，树干也应高一些，并且主枝宜少，层间应大，修剪量要轻，同时加强夏季修剪，促花结果，以果压冠和解决光照。

5. 栽植方式

密植园和稀植园相比，树体要矮，树冠宜小，主枝应多而小。要注意以果压冠。稀植大冠树的修剪要求则正好相反。

二、枣树整形修剪特点

枣树整形修剪的方法与一般果树有较大的区别，这和枣树的生长、结果习性有关。

1. 修剪量小

结果母枝（枣股）基本不延长，结果枝（枣吊）每年脱落，因此修剪量比较小。枣的结果枝每年春季长出，秋季连同叶片一起脱落，因此不存在修剪的问题。结果母枝每年生长量很小，一般延长生长仅1～2毫米，10

多年生的老龄结果母枝全长仅2～3厘米。结果母枝连续结果能力很强，可达几年，甚至十几年之久，因此结果母枝也不必修剪。此外，结果枝组同一年龄枝段上的数十个结果母枝，几乎都在同一年内形成；除年龄相同以外，生长势和结果能力的发展、衰退也基本一致，在结果母枝衰老以前，也无需修剪。因此，枣树修剪量比其他果树小。

2. 花芽容易形成，分布比较均匀

枣树发育枝上生长出来的二次枝为结果枝组，又称结果单位枝。其各个节上的正芽都可能萌发成结果母枝。因此，结果母枝分布比较均匀。每条结果母枝，

每年都能抽生出结果枝，每条结果枝都有分化花芽的能力，所以在正常情况下，有枝即有花。因此，在修剪时不需要考虑花芽的培养、花芽数量的布局，只考虑枝条的枣树高产栽培新技术布局即可，修剪方法比较容易掌握。

3. 不定芽容易萌发

处于顶端优势地位的芽，容易萌发出新的发育枝，常引起树体骨干枝生长混乱。例如，形成并立的中央领导干，容易形成新的领头枝等。枣树是喜光树种，内膛徒长枝不但容易使树形混乱，同时影响通风透光，影响光合作用和枣树的产量。

枣树是喜光树种，丰产树形应具备骨干枝较少、层次分明、内膛通风透光良好等特点。

第二节 修剪的时期和方法

枣树一年四季都可进行修剪，但根据年周期的气候特点，枣树修剪时期一般分为冬季（休眠期）修剪和夏季（生长期）修剪。

一、冬季修剪

冬季修剪也叫休眠期修剪。

1. 修剪时期

是指在果树落叶以后到萌芽以前，越冬休眠期进行的修剪，因此也叫休眠期修剪。优点是在这一时期，光合产物已经向下运输，进入大枝、主干及根系中储藏起来，修剪时养分损失少。严寒地区，可在严寒后进行。对于幼旺树，也可在萌芽期修剪，以削弱其生长势。实验表明，幼树在萌芽期修剪提高萌芽率10%～15%。

2. 冬季修剪的主要任务

因年龄时期而定，各有侧重点。幼树期间，主要是完成整形，骨架牢固，快扩大树冠。初结枣树，主要是培养稳定的结果枝组。盛果期树修剪主要是维持和复壮树势、更新结果枝组，调整花果、叶片比例。

二、夏季修剪

夏季修剪又叫生长期修剪，是指树体从萌芽后到落叶前进行的修剪，主要是解决一些冬季修剪不易解决的问题，包括对旺长树、徒长枝处理，早春抹芽、夏季摘心等，以及环剥、扭梢、拿枝等促花和提高坐果率的技术措施。

一、冬季修剪方法

1. 落头

枣树树冠达到一定高度时，

把中心干顶部向下回缩称为落头，如图2-1所示。通过落头控制树体高度，改善树冠内部的光照条件，防止结果部位往上移。落头时可直接将直立的中央领导枝去除，用下部斜生的枝条来带头。可先选下部的一个角度较开张的主枝培养，当此主枝与其上部领导枝粗度接近时，将上部领导枝锯除，以这一主枝带头，以保持树势。也可逐年下落，不一次去掉领导枝，先回缩到2～3年生枝段的分枝处，以后逐年下落，以避免疏枝过重，刺激隐芽大量萌发枣头。

2. 短截

短截就是在休眠期剪去一部分枣头或二次枝（包括主轴

和二次枝）的一部分，距芽上方0.5 ～ 1.0厘米，见图2-2 ～图2-4。短截对全枝或全树而言是削弱作用，但对剪口下芽抽生枝条起促进作用，可以扩大树冠，复壮树势。枝条短截后可以促进侧芽的萌发，分枝增多，新梢停长晚，碳水化合物积累少，含氮、水分过多。全树短截过多、

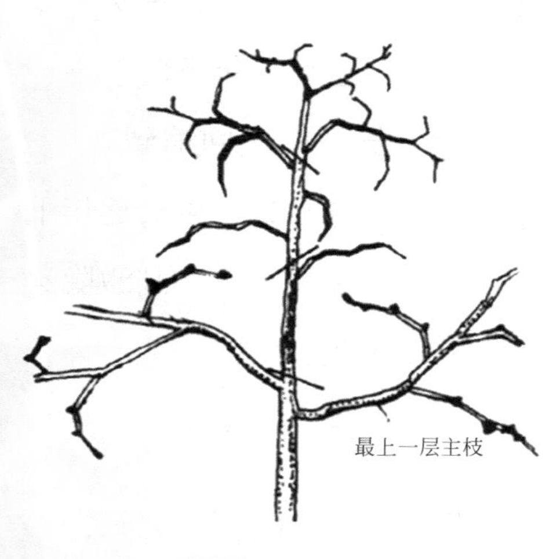

图2-1 落头方法

（中心干落头可以逐年进行）

图2-2　为促枣头萌发新枣头，需剪截2～3个枝条

图2-3　为使二次枝枣股萌发新枣头，留1～3节后短截

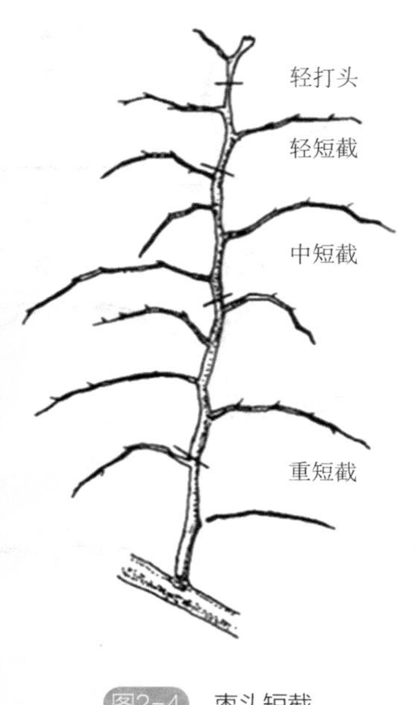

图2-4 枣头短截

过重，会造成膛内枝条密集，光照变差。以短果枝结果为主的树种或以顶花芽结果为主的树种，不易形成花芽而延迟结果，旺树短截过多，常引起枝条徒长，影响成花、坐果。

短截因轻重程度不同，可

分为轻短截、中短截和重短截三种。轻短截指剪去部分占全枝长度的1/4左右，中短截指剪去枝条的1/2左右，重短截则为剪去3/4以上。有时对枝条仅剪去1～2个顶芽。短截程度不同，反应也不同。一般短截越重，剪口下新梢生长越旺；短截轻则发枝多。总之，短截的反应是好芽发好枝。

幼树一年生枣头短截后，一般都可抽生出分枝，而成年树的多年生枣头短截后，多难以抽生理想的分枝。枣头的短截有两种：一种是只对枣头一次枝短截，其剪口下的二次枝不动，在一般情况下主芽不萌发枣头，俗称“一剪子堵”，也叫“堵截”，堵截可促进坐果；另一种在对枣头一次枝短截的同时对剪口下的第一个二次枝从基部短截或留1～2个枣股短截。只要枣头粗壮，剪口下主芽或二次枝枣股主芽当年会萌发长成枣头，俗称“两剪子出”，也称“双截”或“放截”。放截可刺激主芽萌发形成新枣头，培养新的骨干枝或结果枝组。

为保证枣头萌发，对枣头短截时，都要短截附近二次枝。尤其是树龄到结果期以后，短截多年生枣头时，必须把计划分枝处的二次枝疏除，并在需要分枝的部位配合环剥或刻伤，促生分枝。

枣树在生长期的整形阶段，幼树直立生长、单轴延伸，对各级骨干枝的延长枝短截，可刺激剪口下发出健壮新枣头，继续延伸，增加分枝和枝条数量。培养各级骨干枝，扩大树冠，扩大结果面积，提高产量。

幼树整形时，在各级骨干枝延长枝枣头的二次枝上方短截，利用二次枝带头，或促发二次枝枣股萌发新枣头来带头，可调整骨干枝，扩大树冠和结果面积，提高产量。对树冠外围的枣头，一部分短剪后促生分枝，扩大树冠和结果面积。对不用于扩大树冠的枣头，可采用轻短剪，以二次枝带头的办法，控制生长，促进结果。

由二次枝上枣股萌发的枣头培养骨干枝，着生基角大，在撑拉不易劈裂，尤其树势强健、枝条较直立的品种，通过二次枝重短截来培养骨干枝意义更大。通常为了使养分更集中，要疏除附近的其余二次枝。

对内膛的徒长枝，空间较大时，选较健旺的短截，一般剪去1/3 ～ 1/2，促生分枝，培养为大中型结果枝组。空间较小时，可选留一个方位合适的二次枝带头，短截后培养成小型结果枝组。到生长结果期后，产量逐年增加，同时也萌生大量枣头。选择发育充实健壮、方向角度适宜的枣头短截，可扩大树冠和结果，或局部更新树冠。

3. 疏枝

将过密枝条或大枝从基部去掉的方法叫疏枝，见图2-5。疏枝一方面去掉了枝条，减少了制造养分的叶片，对全树和被疏间的大枝起削弱作用，减少树体的总生长量，且疏枝伤口越多，削弱伤口上部枝条生长的作用越大，对总体的生长削弱也越大；另一方面，由于疏枝使树体内的储藏营养集中使用，故也有加强现存枝条生长势的作用。

图2-5 疏枝

在扩冠期常用的疏间法主要

有疏直立枝留平斜枝、疏强枝留弱枝、疏弱枝留强枝、疏轮生枝、疏密挤枝等方法，以利于扩大树冠、平衡树势和提早结果。

（1）疏枝作用

① 维持原来的树体结构；

② 改善树冠内膛的光照条件，提高叶片光合效能，增加养分积累，有助于花芽形成和开花结果。

（2）疏枝效果和原则　对全树起削弱作用，从局部来讲，可削弱剪口、锯口以上附近枝条的势力，增强伤口以下枝条的势力。剪口、锯口越大、越多，这种作用越明显；从整体看疏枝对全树的削弱作用的大小，要根据疏枝量和疏枝粗度而定。去强留弱或疏枝量越多，削弱作用越大，反之，去弱留强、去下留上则削弱作用小，要逐年、分批进行。

（3）疏枝对象　疏枝对象有：在各级骨干枝上影响光照的新萌发的直立枣头；骨干枝前端可能干扰骨干枝的延长枝生长的枣头；远离骨干枝的枣股上萌发的长势较弱、结果能力差、不准备用来做更新枝的枣头；剪锯伤口刺激萌发的枣头；内膛的交叉枝、重叠枝、并生枝、下垂枝、枯死枝和病虫枝等扰乱树形密挤的枝条。进入结果期后，对于萌发细弱的枣头，一般都疏除，以免消耗养分，影响结果（图2-4、图2-5）。

疏剪时剪口要平整，截面尽可能小，不要留茬口，以使剪口快速愈合（图2-6）。

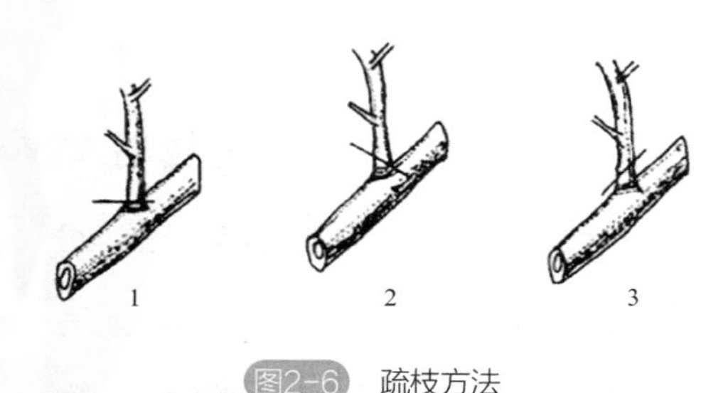

图2-6　疏枝方法

1—正确疏枝方法，枝基部环痕剪除；
2，3—不正确疏枝方法，留有残桩

4. 回缩

剪去多年生枝的一部分叫回缩。其目的是使局部枝条更新复壮，抬高枝的角度，增强生长势和结果能力。主要在壮年枣树结果枝组更新、老年枣树树冠更新时，对多年生枝进行剪截。

回缩方法是，在需要更新的枝条或枝组下部，选新枝作为带头枝，在分枝处剪截，使衰弱的大枝变成较健壮的小枝，重新生长；对较粗大的枝条，如各级骨干枝，在基部留10厘米左右的短桩下锯，以利用隐芽萌发新的枣头，恢复生机。由于枣头可能萌发很多，要留方位、角度理想的，其余的及早抹去，以免浪费养分。同时要注意绑缚保护新生枣头，使其不被风折断和果实压断。缩剪使衰老主枝更新复壮，见图2-7。

图2-7 回缩修剪使衰老主枝更新复壮

对多年生枝缩剪，要避免留桩过长，留桩过长使剪锯口愈合慢，容易发生劈裂和折断，要注意保护伤口。

5. 长放

对一年生长枝不剪，任其自然发枝、延伸的措施叫长放，见图2-8。通常对树冠外围斜生的中庸枝或偏弱枣头长放，使其利用较健壮的顶芽萌发新枝，扩大树冠，增加结果面积。

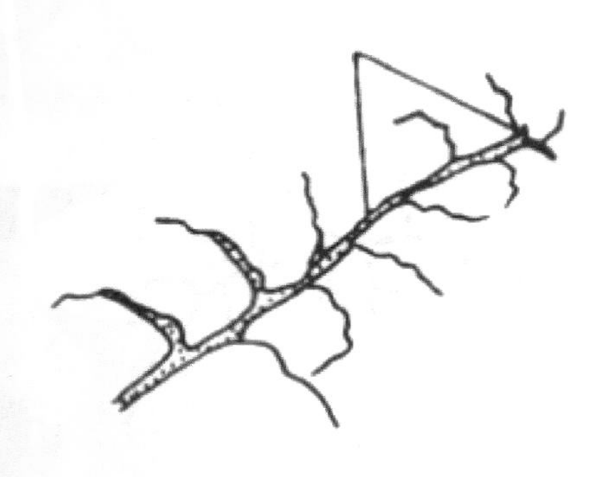

图2-8 长放

二、夏季修剪方法

1. 清除无用根蘖

枣树根系具有产生不定芽的特性，容易发生根蘖。根蘖多发生在水平根上。金丝小枣较圆铃枣更易发生根蘖。断根可刺激根蘖发生。根蘖发生的深度因土质而异，一般土壤疏松的枣园，根蘖发生较深；土壤黏重或管理粗放的枣园，根蘖发生较浅。在4月下旬至5月上旬应结合中耕除草，在枣树萌芽后及时将无用根蘖清除。

2. 抹芽

在萌芽期把各级骨干枝及枝组上萌发出的无用幼嫩主芽，随萌发随从基部抹掉，以减少不必要的营养消耗，有利于保持合理的树体结构，促进枣树生长，提高产量，见图2-9。

图2-9 抹芽

在各级骨干枝上及冬季修剪后的剪锯口附近，由隐芽萌发的较密集的没有发展空间的新生萌芽要抹去。夏季摘心后要及时抹除一次枝、二次枝上萌发的主芽，以免造成因树体郁闭、通风透光不良、营养竞争导致加重落花落果等。抹芽时要留壮芽，抹弱芽；留外芽，抹内芽；留斜生芽，抹直立芽。

3. 刻伤

于芽上方0.5～1厘米处，用剪枝剪或刀横刻皮层，深达木质部，成眼眉状，叫刻伤或目伤，见图2-10。在幼树培育主侧枝时，为促使枣头萌发，将在此部位芽上方刻一个伤口，促使此芽体萌发枣头，以培养成骨干枝。

图2-10 刻伤

4. 拉枝

用人工的方法改变枝条的生长方向，如用铁丝或绳子把枝拉到一定角度后固定于地上叫拉枝；拉枝对整形期间的幼树更显重要，在幼树整形期间用得较多，主要是为培养合理的树体结构，平衡树势、枝势。一般于6～7月份进行。主枝拉成80°～90°，辅养枝拉成水平状态。注意枝条要拉平展，不可拉成头低腰高的弓形，见图2-11。要注意枝条的基角，不要将枝条拉劈裂。拉枝有利于降低枝条的顶端优势，提高枝条中下部的萌芽率，增加枝量及中短枝的比例，解决内膛光照及缓和树势、促进花芽形成等作用。

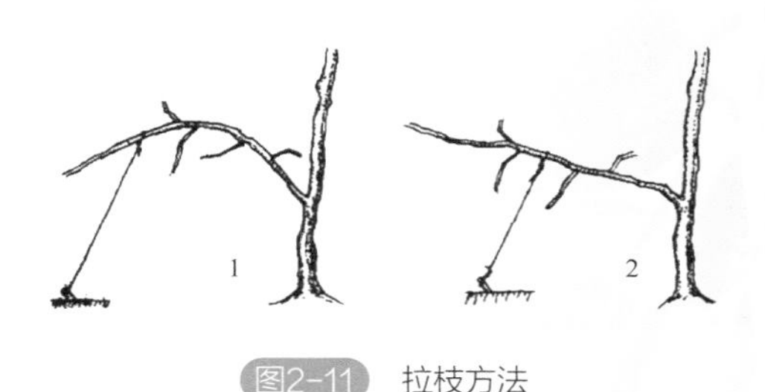

图2-11 拉枝方法

1—错误拉枝方法；2—正确拉枝方法

枣树枝条比较硬脆，在冬季操作时容易劈裂，在萌芽后进行较好。

5. 拿枝

用手握住当年生枣头一次枝和二次枝的基部和中下部，向下轻揉数次，使枝条木质部适当受伤，以改变枝条角度，调整生长势，培养成小型结果枝组，这叫做拿枝。多数品种的枣头，质地较脆，容易折断，采用此方法时，要掌握好时间和力度，见

图2-12。

图2-12 拿枝

6. 摘心

摘心是指在生长季节（以5～6月为主）对新生枣头、二次枝及枣吊，将先端部分摘掉的技术措施。摘心可阻止枣头延长生长，使留下的枝条发育健壮，促进开花结果，见图2-13、图2-14。

图2-13 枣头与二次枝摘心

1—轻摘心；2—二次枝摘心

图2-14 枣吊摘心

（1）作用机理　摘心去掉了顶端生长点和幼叶，使新梢内的赤霉素、生长素含量急剧下降，失去了调动营养的中心作用，失去了顶端优势，使矿质元素、水分的侧芽的运输量增加，促进了侧芽的萌发和发育；同时摘心后，由于营养有所积累，摘心后剩余部分叶片变大、变厚、光合能力提高，芽体饱满，枝条成熟快。

（2）摘心的效果及应用

① 提高坐果率，促进果实生长和花芽分化，但必须在器官生长的临界期进行摘心才有效。

② 摘心可以促进枝条组织成熟，基部芽体饱满，可在新梢缓和生长期进行，在新梢停长前15天效果更明显，可以防止果树由于旺长造成的抽条，使果树安全越冬。

③ 摘心可以促使二次梢的萌发，增加分枝级次，有利于加速整形，但只适用于树势旺盛的树，对它们进行早摘心、重摘心，能达到目的。

④ 摘心可以调节枝条生长势。

（3）摘心方法　萌芽展叶后到6月份，可对枣头、二次枝、枣吊进行摘心，阻止其加长生长，有利于当年结果和培养健壮的结果枝组。对枣头一次枝，摘心程度依枣头所处的空间大小和长势而定。一般弱枝重摘心（留2～4个二次枝），壮枝轻摘心。

7. 环剥

是指在生长季对枣树主干或骨干枝进环状剥皮，见图2-15。

图2-15 枣树环剥

（1）作用　通过切断韧皮部，阻止光合产物向根部运输，提高地上部营养水平，缓解枝叶生长和开花坐果对养分的竞争，提高坐果率。

（2）时间　枣树环剥一般在

盛花前期进行，具体时间取决于春季气温的高低。气温高，盛花期早；气温低，盛花期晚。多年生产实践证明，在北方金丝小枣产区花开30%～40%时环剥最好。此时环剥坐果率高，成熟时果实大小整齐，色泽好，含糖量高。

（3）方法　初次环剥的树，在距地面20～30厘米处的树干上进行。第二年在离上年剥口上部5厘米处进行。先用镰刀在该部位刮一圈老树皮，宽约2厘米，深度以露出韧皮部为度。然后用环剥刀或菜刀在刮皮处绕树干环切两道，深达木质部，将两切口间的韧皮部剥掉。环剥宽度一般为0.3～0.7厘米，因树龄、树势、管理水平不同而异。

大树、壮树宜宽，幼树、弱树宜窄。

一般要求剥口在1个月左右愈合。由于连年环剥而树势明显转弱者，应停止环剥养树。

（4）注意事项

① 剥口要平整，不出毛茬，无裂皮，整圈剥口宽度要一致，要切断所有韧皮部，不留一丝。

② 剥口的宽窄应根据树干粗度和树势而定。树大干粗的树甲口宜宽，树小干细的树甲口宜窄。树势强的树剥口要宽些，树势弱的树甲口要窄些。剥口的最适宜宽度应以剥口在1个月内完全愈合为标准。病弱树要停剥养树，否则越环剥树势越弱。

③ 开甲后应注意剥口保护，使剥口适时愈合。可用2～3厘

米宽纸条敷在剥口，保护剥口。

第四节 整形修剪技术的创新点

一、枣树整形修剪应注意的问题

整形修剪是果树栽培管理中的一项重要技术措施，增产提质效果很明显。因枣树的枝、芽类型和生长结果习性，与一般果树不同，所以它的整形修剪工作也独具特点。在进行枣树的整形修剪时，一定要根据它的生物学特性，科学地实施。

（1）必须通过修剪增加枝

量　枣树幼树顶端优势明显，枝条自然分生少，在幼树生长阶段，必须通过修剪尽快增加枝量。但因幼树对修剪反应不敏感，分生枝条不易，所以要注意修剪方法。一般需6～8年的时间，才能完成整形。

（2）生长与结果关系易协调　枣树的营养枝能自然地转化为结果枝组，生长和结果的关系比较容易协调。枣树的结果枝是脱落性果枝（枣吊）。在正常情况下，每一个结果母枝（枣股）每年都能抽生结果枝（枣吊），随着结果枝的生长，花芽随时形成，当年分化，并当年结果。可以说，有枝就有花，枝条均匀，花就均匀。不必考虑营养枝与结果枝的比例关系，不必考虑当年的花芽分布和留花量以及第二年花芽培养和结果，只要考虑骨干枝和结果枝组配备培养就可以了。

（3）经常局部小更新可使整树长期良好结果　枣树结果枝组稳定。枣股的年生长量小，仅有1～2毫米，但连续结果能力却可达10年以上，也易于培养和更新修剪。经常的局部小更新可使树整体较长时期处在良好的结果状态之下。

（4）要及时处理直立徒长枝　枣树的寿命较长，隐芽多且寿命长。修剪刺激后极易萌发新枣头，局部更新或整体更新都比较容易。但枣是喜光树种，对光照反应敏感。骨干枝上经常萌发直立徒长枝，干扰树形，影响光照，要注意及时处理，可改造利用或疏除，以免影响果实产量和质量。

（5）整形与修剪任务各不同　在不同生育期，发育特点不同，整形修剪的任务也不同，要注意区别。

二、整形修剪技术的创新点

1. 整形修剪过程中，特别要注意调节每一株树内各个部位的生长势之间的平衡关系

每一株树都由许多大枝和小枝、粗枝和细枝、壮枝和弱枝组成，而且有一定的高度。因此，我们在进行修剪时，要特别注意调节树体枝、条之间生长势的平衡关系，避免形成偏冠、结构失

调、树形改变、结果部位外移、内膛秃裸等现象。要从以下三个方面入手。

（1）上下平衡　在同一株树上，上下都有枝条，但由于上部的枝条接受光照充足、通风透光条件好，枝龄小，加之顶端优势的影响，生长势会越来越强；而下部的枝条，光照不足，开张角度大，枝龄大，生长势会越来越弱。如果修剪时不注意调节，久而久之，会造成上强下弱树势，结果部位上移，出现上大下小现象，给果树管理造成很大困难，果实品质和产量也会下降，严重时会影响果树的寿命。整形修剪时，一定要采取控上促下，抑制上部、扶持下部，上小下大，上稀下密的修剪方法和原则，达到树势上下平衡、上下结果、通风透光、延长树体寿命、提高产量和品质的目的。

（2）里外平衡　生长在同一个大枝上的枝条有里外之分。内部枝条见光不足，结果早，枝条年龄大，生长势逐渐衰弱；外部枝条见光好，有顶端优势，枝龄小，没有结果，生长势越来越强，如果不加以控制任其发展，会造成内膛结果枝干枯死亡，结果部位外移，外部枝条过多、过密，造成果园郁闭。修剪时，要注意外部枝条去强留弱、去大留小、多疏枝，少长放；内部枝去弱留强、少疏多留、及时更新复壮结果枝组，达到外稀里密、里外结果、通风透光、树冠紧凑的目的。

（3）相邻平衡　中央领导干上分布的主枝较多，开张角度有大有小，生长势有强有弱，粗度差异大。如果任其生长，结果会造成大吃小、强欺弱、高压低、粗挤细的现象，影响树体均衡生长，造成树干偏移，偏冠，倒伏，郁闭等不良现象，给管理带来很大的麻烦。修剪时，要注意及时解决这一问题，通过控制每个主枝上枝条的数量和主枝的角度，来实现相邻主枝之间的平衡关系，使其尽量一致或接近，达到一种动态。具体做法是粗枝多疏枝、细枝多留枝；壮枝开角度、多留果，弱枝抬角度、少留果。坚持常年调整，保持相邻主枝平衡，树冠整齐一致，每个单株占地面积相同，大小、高矮一致。这样便于管理，为丰产、稳产、优质打下牢固的骨架基础。

2. 整形与修剪技术水平没有最高，只有更高

果园栽植的每一棵树，在其生长、发育、结果过程中，与大自然提供的环境条件和人类供给的条件密不可分。环境因素很多，也很复杂，包括土壤质地、肥力，土层厚薄，温度高低、光照强弱、空气湿度、降雨量、海拔高度，灌水、排水条件，灾害天气等。人为影响因素也很多，包括施肥量、施肥种类，要求产量高低、果实大小，色泽，栽植密度等，另外还有诸多影响因素。上述因素都对整形和修剪方

案的制定、修剪效果的好坏、修剪的正确与否等产生直接或间接的影响，而且这些影响有时当年就能表现出来，有些影响要几年、甚至多年以后才能表现出来。果树的修剪方法必须和当地的环境条件及人为管理因素等联系起来，综合运用，才能达到理想的效果。所以说，整形修剪技术没有最高只有更高，必须充分考虑多方面因素对果树产生的影响，才能制定出更合理的修剪方法。不要总迷信别人修剪技术高，人们常说“谁的树谁会剪”就是这个道理。

3. 修剪不是万能的

果树的科学修剪只是达到果树管理丰产、优质和高效益的一个方面，不要片面夸大修剪的作用，把修剪想得很神秘，搞得很复杂。有些人片面地认为，修剪搞好了，就把所有问题都解决了，修剪不好，其他管理都没有用，这是完全错误的想法。只有把科学的土、肥、水管理，合理的花果管理，病虫害综合防治等方面的工作和合理的修剪技术有机结合起来，才能真正把果树管好。

4. 果树修剪一年四季都可以进行，不能只进行冬季修剪

果树修剪是指果树地上部一切技术措施的统称，包括冬季修剪的短截、疏枝、回缩、长放；也包括春季的花前复剪、夏季的扭梢、摘心、环剥；秋季的拉枝

等。有些地方的果农只搞冬季修剪，而生长季节让果树随便长，到了第二年冬季又把新长的枝条大部分剪下来。这种做法的错误是一方面影响了产量和品质（把大量光合产物白白浪费了，没有变成花芽和果实）；另一方面浪费了大量的人力和财力（买肥、施肥）。这种只进行冬季修剪的做法已经落后了，当前最先进的果树修剪技术是加强生长季节的修剪工作，冬季修剪作为补充，谁的果树做到冬季不用修剪，则谁的技术水平更高。把果树不同时期的修剪要点总结成4句话，即：冬季调结构（去大枝），春季调花量（花前复剪），夏季调光照（去徒长枝、扭梢、摘心），秋季调角度（拉枝、拿枝）。

第三章

枣树的主要适用树形及特点

第一节

丰产树形及树体结构

一、对丰产树形的要求

（1）树冠紧凑，能在有效的空间，有效增加枝量和叶片面积系数，充分利用光能和地力，发挥果树的生产潜能。

（2）能使整个生命周期中经济效益增加，达到早果、丰产、优质高效、寿命长的目的。

（3）树形要适应当地的自然条件，适应市场对果品质量的要求。

（4）便于果园管理，提高劳

动生产率。

二、树体结构因素分析

枣树是喜光树种。光照强弱影响枣头萌发生长，枣股寿命，枣吊抽生、生长、开花坐果以及果实品质。枣树树冠光照条件的好差，主要取决于它的树形及其结构。构成树体骨架的因素有树体大小、冠形、干高、骨干枝的延伸方向和数量。

1. 树体大小

（1）树体大的优缺点　树体大可充分利用空间，立体结果，经济寿命长，但成形慢，成形后，枝叶相互遮阴严重，无效空间加大，产量和品质下降，操作费工。

（2）树体小的优缺点　树体小可以密植，提高早期土地利用率，成形快，冠内光照好，果实品质好，但经济寿命短。

2. 冠形

枣树树形主要有疏散分层形、自由纺锤形、自然圆头形、开心形等。枣树丰产树形要求树冠内层次分明，通风透光良好，冠内没有无效光区。树冠表面呈起伏的波浪状。

3. 干高

干高分为高、中、低三种，高干0.9～1.1米，中干0.7～0.9米，低干55～70厘米，低干是现在发展的趋势，低干缩短了根系与树叶的距离，树干养分消耗少，增粗快，枝叶多，树势强，有利于树体管理，有利于防风，干旱地区利于积雪保湿。

枣树丰产树形要求主干高低适当，在方便地面管理前提下，尽量降低主干高度；树冠完整，大小适宜，成形后与相邻树冠不相互影响。

现在生产上一般采取幼树定干时低一些。随着树龄的增加，逐渐去除下层枝，使树干高度逐渐增加。这种方法较“提干”（开心形除外），栽培生产中应用时效果很好。

4. 骨干枝数量

主枝和侧枝统称为骨干枝，是运输养分、扩大树冠的器官。原则上在能够满足空间的前提下，骨干枝越少越好，但幼树期过少，短时间内很难占满空间，早期光能利用率太低，到成龄大树时，骨干枝过多，则会影响通风透光。因此幼树整形时，树小时可多留辅养枝，树大时再疏去。

枣树丰产树形要求骨干枝强健牢固，主、侧枝分明，各级骨干枝粗度比例适当，角度开张。主、侧枝的角度以保持80°左右为宜。每一层枝条的叶幕厚度为60～80厘米。使每个主、侧枝，都呈独立的扇形，以加大受光面积，提高光能利用率，增加果实产量，改善果实品质。适宜的留枝密度通常树冠内平均每立方米有二次枝（结果基枝）20～25条，枣股（结果母枝）90～120个为宜。树势均衡，枝条健壮，每年都有一定的生长量，无病虫害。

5. 主枝的分枝角度

主枝分枝角度的大小对结果的早晚、产量、品质有很大影响，是整形的关键之一。

角度过小，表现出枝条生长直立，顶端优势强，易造成上强下弱势力，枝量小，树冠郁闭，不易形成花芽，易落果，早期产量低，后期树冠下部易光秃；同时角度太小易形成夹皮角，负载量过大时易劈裂。角度过大，主枝生长势弱，树冠扩大慢，但光照好，易成花，早期产量高，树体易早衰。

第二节

枣树的主要树形及成形过程

一、疏散分层形

1. 树形特点

该树形有明显的中心干。干高80～120厘米，枣粮间作地干宜高，密植园及丘陵山地干宜低。主枝分三层着生在中心干上。第一层3个主枝，均匀向四周分散开，开张角度60°～70°；第二层2个主枝，第三层1～2个主枝。第一层层内距为30～40厘米，第一至二层层间距为100～120厘米；第二层层内距为15～20厘米，第2～3层层间距为60～70厘米。每个主枝选留1～2个侧枝，每一主枝上的侧枝及各主枝上侧枝之间要搭配合理，分布匀称，不交叉不重叠。最后树高控制在4.5米以下。此树形特点是骨架牢靠，层次分明，易丰产，见图3-1。

2. 整形操作步骤

（1）定植当年　定干高度一般为80～100厘米，风速较高地区可降至60～80厘米。春天定植，成活后需马上定干；秋天定植，亦需定干，只是截留高度可略高些，以免上部芽体风干、抽条；待春季萌芽前再短截至预定高度。整形带内要求有5～7

图3-1 疏散分层形

个二次枝，留1～2个饱满芽短截，以确保发出足够数量的新梢，供主枝选择，也可对着生位置适当芽进行“目伤”，以促使其萌发。对直立生长的品种，需于新梢停止生长后，拉枝固定，使其与中心干成60°～70°即可。

（2）第二年冬剪　对顶部壮

枝于70～80厘米处短截，同时对剪口下第一个的二次枝留1节进行短截，以培养中心领导干；对下部枝条选3或4个着生部位好、轮生的枝条留作主枝，于60厘米左右处短截，同时对剪口下第一、二个的二次枝留1节进行短截，以促发主枝头和侧枝，要求以壮芽带头以利于尽快成形（第一层主枝），对主枝基角尚未达到60°～70°者，需进行拉枝；其余枝条尽量不疏剪，应拉平（80°以上角度）留作辅养枝使用，并长放促花以增加早期产量。实际操作中对各主枝的短截长度可因枝条的生长势及栽植密度灵活掌握，但一般以不低于50厘米为宜。

（3）第三年冬剪　继续对中

心干进行短截，长度以55厘米为宜；第一层主枝延长头的短截长度以50～60厘米为宜，并以壮芽带头，其作用在于促发分枝，培养第二侧枝；并增加枝叶生长量，以利树冠早期成形。中心干上的一年生分枝，原则上不再短截，可用拉枝的方法延缓其生长势，促进花芽形成。

（4）第四年冬剪　以长放为主。对上部新梢选择两个向行间延伸者于40厘米左右处短截，以培养第二层主枝；对第一层主枝延长头，弱者可进行适度短截，壮者宜长放。

第五、六年对一、二层主枝间的大枝（作为临时辅养枝）逐年疏除，完成整形过程。

二、开心形

1. 树形特点

这种树形不具中央领导干，干高50～70厘米，全树主枝3～4个，开张角度30°左右，各主枝上下间隔至少30厘米。每主枝上着生6～7个侧枝，开张角度50°～60°。在各级骨干枝上配备各种类型结果枝组，见图3-2。

图3-2 开心形

该树形优点是修剪量少，成形快，结果早，产量高，树姿开张，冠内通风透光条件好，结果品质好。不足处是易发生树冠郁闭、偏冠现象，大量结果后，各主枝邻接处易发生劈裂。

2. 整形过程

第一年春季，定干高度70～90厘米，留3～4个不同方向生长的主枝，当主枝长到40～50厘米时摘心，使主枝分出侧枝。第二年冬季修剪时，如果有直立的中心干则剪除，选定主枝和侧枝，留40厘米左右短截；在生长季对每个侧枝的修剪方法是，留延长枝头，其他枝头留15厘米摘心。并通过连续摘心来控制生长，促进形成结果枝。第三年春季发芽之前，再调整角度，侧枝不够的再进行短截，侧枝已够的不再短截。夏季继续通过摘心来培养结果枝组。

三、自然圆头形

本树形主要适用于生长势偏弱的中、小冠密植的枣园，树高3.5米。

1. 树体结构

主干高度50～60厘米，主枝3～4个，夹角90°～120°。中心干短而且弱小。各主枝的间隔距离为10～20厘米，主枝基角50°左右，下部主枝角度要大。每主枝上着生侧枝1～2个，第一侧枝距基部60厘米以上，第二侧枝距第一侧枝50厘米以上。主、侧枝上配置结果枝组，见图3-3。

图3-3 自然圆头形

2. 整形过程

（1）第一年 苗木定植后，定干80～90厘米，整形带内要求有5～7个二次枝，留1～2个饱满芽短截，以确保发出足够数量的新梢。60厘米以下萌芽全部疏除。9月下旬，选择3～4个生长良好、健壮的新梢做主枝，拉枝开角至50°左右，在树冠周围均匀分布，除中心干延长枝外，剩余其他枝全部拉平。

（2）第二年　春天萌芽前，选好的3～4个主枝留50厘米左右，选饱满芽处进行短截，促发新梢，作为将来的主枝延长枝和侧枝进行培养，目的是扩大树冠。对中心干甩放不剪，任其自然生长，拉平的其他枝条可刻芽促发多个新梢，作为下一年的结果枝。

（3）第三年　春天萌芽前，对选好的3～4个主枝的延长枝留60厘米左右，选饱满芽处进行短截，促发新梢，继续扩大树冠。将第二枝疏除，第三枝条可以作为第一侧枝来培养，对中心干上的健壮枝条疏除，保留中庸和偏弱的枝条，目的是控制其生长。

（4）第四、五年　春天萌芽前，对选好的3～4个主枝的延长枝不再修剪，将第二枝疏除，第三枝条可以作为第二侧枝来培养，对中心干可进行疏除，完成整形过程。

四、自由纺锤形

本树形主要适用于密植的枣树园，树高3～3.2米左右。

1. 树形标准

树干高度为55～65厘米，树高3.5米以下。中央领导干直立粗壮，保持绝对优势。全树共选留10～12个主枝，不分层，在中央领导干上错落着生。主枝单轴延长，其上不配备大的侧枝，直接着生中、小结果枝组。主枝粗度和同部位中央干粗度比值为0.4：1，重叠主枝要求最少间隔距离在90厘米以上。基部3主枝的拉枝角度为75°左右，中部4主枝的拉枝角度为85°，上部3主枝的拉枝角度为90°以上。整个树体看上去要求像纺锤一样，下大上小，枝条外稀里密，骨架牢固，结构紧凑，通风透光，见图3-4。

2. 成形过程

（1）第一年　定植后定干，定干高度为80～85厘米。剪口

图3-4 自由纺锤形

下有5～7个二次枝，每个二次枝只留一个饱满芽短截，55厘米以下萌芽全部剪除。

（2）第二年 萌芽前修剪，中心干延长枝留60厘米进行短截，剪口下有3～5个二次枝，每个二次枝只留一个饱满芽短截。下部选3～4个方位、生长势力一致的侧枝进行拉枝，角度为70°，剩余枝条一律不剪，全部拉平，作为将来的临时结果母枝来培养。

（3）第三年　萌芽前修剪，中心干延长枝留50厘米进行短截，剪口下有3～4个二次枝，每个二次枝只留一个饱满芽短截。下部再选3～4个方位、生长势力一致的侧枝进行拉枝，和上一年选的主枝错开，角度为80°，剩余枝条一律不剪，全部拉平，作为将来的辅养枝来培养。

（4）第四年　萌芽前修剪，中心干延长枝长放不剪，下部再选3～4个方位、生长势力一致的二次枝留一个芽短截，培养成小主枝，和上一年选的主枝错开，9月下旬拉枝，角度为90°，剩余枝条一律不剪，全部拉平，作为将来的辅养枝来培养。

（5）第五、六年 春季修剪时，逐年去除中心领导干上的原来拉平的辅养大枝，中心干在3.2米左右处剪截，又叫“落头”。整形过程完成。

第四章

不同时期枣树的整形修剪技术

第一节

不同年龄时期枣树的整形修剪特点

一、幼树的整形修剪

枣树栽植以后1～3年为幼树期，特点是生长旺、枝条多、直立生长，修剪的要点是通过修剪和拉枝、疏除等技术措施，按照所需要培养的树形，进行细致和周到的修剪，完成整形。使树体骨架牢固，通风透光，无病虫枝，为树势健壮、丰产、稳产打下坚实的基础。

幼树的整形修剪主要包括

枣树生长期和生长结果期的修剪。一些早果品种如临猗梨枣、稷山板枣等一般没有明显的生长期，栽植第二年就进入生长结果期。在集约化栽培条件下，生长结果期一般维持2～3年，4～5年后大多数早果品种可进入结果期。因此，这些品种的整形修剪多是边整形边结果，树形完成后，整个枣园也就进入大量结果期了。另一些品种如金丝小枣、婆枣、圆铃等，进入结果期较晚，有明显的生长期和生长结果期，因此，整形修剪多在生长期或生长结果初期完成。

1. 定干

即在枣树定植当年或若干年

后对主干进行短截或回缩，以培养健壮的骨干枝。

（1）定干时间　一般主芽萌芽率高、成枝力强的品种可栽植当年定干。主芽萌芽率一般或较低、成枝力弱的品种，一般在定植后暂定干，尽量多保留一些枝条，促主干加粗生长，2～3年后主干长到2～3厘米时再截头定干。

（2）定干高度　密植枣园生长势弱的品种定干高度为60厘米左右为宜，生长势强的品种80厘米左右为宜；一般密度的枣园定干高度相应提高一些；枣粮间作园，定干高度一般较高，在120～150厘米为宜。

（3）定干方法　栽植后逐年清除干高以下的二次枝和萌生的

枣头，保留整形带内的枣头并加以培养成骨干枝，如整形带内发枝少或不发枝，可利用重刻伤或环剥、环割的方法刺激主芽萌发主枝。

栽培条件好、集约化管理水平高的枣园，提倡早定干，快整形，以提高早期产量。其前提条件是要栽植健壮的一、二级苗木，甚至特级苗。

2. 主侧枝的培养

以主干疏层形为例。定干后第二年首先选一个生长直立、粗壮的枝作中心干，一般选留剪口下第一主芽萌发出的枣头作中心干。其下选留3～4个方向、角度均合适的枣头作为第一层主枝，其余酌情疏除。对中心干和主侧枝7月中下旬摘心，促进二次枝的生长，提高结果能力和延长结果年限。

保留下的当年生枣头（粗度超过1.5厘米）第二年冬剪时短截。短截时一般进行双截，即对一次枝短截的同时，疏除或短截剪口下1～2个二次枝，促生新枣头，培养延长枝和侧枝。如粗度不够，应剪去顶芽，使枣头加粗生长一年后再处理。

对培养的主枝通过拉枝、撑枝，调整其方向和枝角，以形成合理的树体结构。

作为中心干的枣头应在100～120厘米处短截，剪去剪口下的第一、第二个二次枝以培养主干延长枝和第二层主枝。

第三年，除继续用同样的方

法培养第一、第二层主、侧枝外，对中心干延长枝继续短截培养第三层主枝，并开始在第一、二层枝上选留结果枝组。第四年后，树体骨架基本形成，可形成结构合理而丰满的树冠。

3. 树体结构

（1）干高　干高指从地面到树干的第一分枝处的高度。一般干越高，树冠形成越慢，冠径越小，结果面积也越小，产量低；而低干往往成形快、冠径大，树体结果部位大、产量高。

（2）骨干枝数目　形成树冠骨架的中心干、主枝、侧枝等为骨干枝。骨干枝应保持合理的数目，既能充分利用空间和光照，又能使骨架牢固，树体健壮，丰产稳产，经济寿命长。

主枝的数目因树体结构而异。无中心干的主枝较少，如开心形一般有2～4个主枝；而有中心干的树形主枝较多，如主干疏层形一般配备主枝6～8个，分2～3层。侧枝的配备也要因树体结构而异，主枝少可适当多配备侧枝，主枝多则每个主枝上侧枝数要相应减少。分层的树形，上部主枝配备侧枝要少于下部主枝。开心形主枝一般配备侧枝1～3个。留侧枝时要使各骨干枝间互不干扰，各自发挥其生产效能。

（3）分枝角度　一般枣树主枝角度掌握在50°～60°为宜。密植园容易导致树体郁闭，因此枣树枝角应稍大一些，以缓和树势。有的品种单轴生长能力强，结果后枝条中部弯曲下垂，腰角过大，梢角下垂，因此，对这类品种在树冠形成后期应适当抬高主枝延长枝的角度，增强树势和枝势。枝角的大小直接影响到枝的长势和树势。各类枝的开张角度应有利于营养物质的分配和积累。主枝角度过小，造成内膛通风透光差，结果部位容易外移，而角度过大，则抑制延长枝生长，负载量小。

4. 结果枝组的配备

结果枝组是枣树的基本单位。正确地培养结果枝组有利于调节局部的生长和结果，防止结果部位外移。配备枝组的原则是数量适宜，分布合理，大、中、小枝组保持一定比例。在枝组的配备上要注意主侧枝中下部以配备中、大型枝组为主，主侧枝上中部以配备小、中枝组为主。主、侧枝角度大时，应配备两侧斜生枝组，一般品种不要培养背上直立枝组，防止枝势过旺，扰乱树形，影响光照。结果枝组配备后不是一成不变，在若干年后视其衰老情况还要及时更新。

5. 生长结果期枣树的调控修剪

枣树在生长结果期修剪上应采取整体促进、局部控制的方法，即在加强肥水管理的同时，修剪上要促进各级骨干枝的延长枝的生长，迅速扩大树冠，而对其他当年生的枣头，要有计划地进行抹芽摘心，控制其生长，充实二次枝，并加速其营养生长向生殖生长的转化，培养成结果枝组，以实现早期丰产。

二、结果期树的修剪

枣树进入结果期后，树冠已基本形成，扩冠已不再是主要任务。因此，修剪的重点应是维持良好的树体结构，保持树体的生长势，同时均衡生长与结果。

结果前几年，产量处于上升阶段，新枣头仍有较大数量萌发，修剪上应注意及时抹芽、疏枝、摘心，使树体保持合适的枝量和营养生长总量。树冠长到一定的高度应及时落头。

随着树体结果能力的增强，

枣树很快进入盛果期。盛果期枣树萌发枝条的能力明显下降。此期的修剪应注意保留一定比例的新枝，适时摘心，作为后备更新枝加以培养。对多余的新枝及时疏除。

盛果期枣树离心生长基本结束，随枝先端结果能力的增强，枝条多弯曲下垂，先端生长渐弱，后期开始出现向心更新的枣头。因此，这类骨干枝要依据树体情况，有计划地对其适当回缩，利用更新枝代替部分衰老部分，抬高枝角，增强骨干枝的枝势。同时要培养新枣头，补充新枣股，维持结果面积。

枝组的培养和更新也如此，始终要保持枝条的健壮生长和正常结果。这样，会大大延长盛果期的年限，从而延长整个枣园的经济寿命。

三、衰老期树的修剪

衰老期的枣树，树冠逐渐缩小，生长转弱，树冠内出现大量枯死枝，树冠逐渐稀疏，产量明显下降。这个时期修剪的首要任务是对树体全面更新，恢复树势。主要修剪方法是回缩鹅利用徒长枝长放更新。

根据修剪量大小和更新程度的不同，枣树的修剪可分为轻更新、中更新和重更新。

1. 轻更新

当树体上还有相当数量的有效枣股时，可以轻度回缩更新，一般回缩量是枝总长的1/3。

2. 中更新

当树体上有一定数量的有效枣股但结果能力已经很差时，可采取中回缩更新，回缩长度一般为枝总长的1/2。

3. 重更新

当树上只有少量有效枣股，产量很低时，可采用重回缩的方法进行更新，回缩量达枝总长的2/3。

更新后，刺激骨干枝中下部的隐芽萌发新枣头，培养新树冠。以上几种方法可依树体的衰老程度结合使用。枣树的更新可一次性完成，也可根据不同情况分年度轮换更新。

第二节 几个主栽品种的整形修剪要点

一、金丝小枣

金丝小枣广泛分布在山东省的乐陵、无棣、庆云、阳信、沾化、寿光和河北省的沧县、献县、泊头、南皮、盐山、青县等地，栽培历史悠久，也是全国栽培面积最大的品种。该品种品质上等，为生食加工兼用品种。

1. 生物学特性

金丝小枣树势中等，树体中大，干性中等强，树姿半开张。

树冠易形成多主枝疏层形，成年树枣头萌发力中等强，骨干枝前后各个部位都能抽枝更新，枝条中密。一般年生长量为60厘米左右，着生永久性二次枝5个左右。二次枝自然生长5～8节，25～40厘米，有效结果节数4～6节。枣股圆柱形或圆锥形，一般抽生枣吊3～5个。枣吊长13～20厘米，着生叶片9～12片。花量大，枣吊着生花序8～10个，每序着蕾3～9个。为多花型。

2. 修剪要点

（1）以枣粮间作形式栽培，可获每667平方米面积上产千斤枣、下产千斤粮的高效益。以疏散分层形或自然分层形较好。

（2）进行密植栽培时，为了提高前期产量可采用变化密度模式，南北行向，先以行株距3米×（2～2.5）米栽植，根据树体扩大情况逐步变成3米×（4～5）米，最后变成6米×（4～5）米。可采用疏散分层形或开心形整形。

（3）冬、夏季修剪结合，注意复壮更新，保持良好的丰产树体结构；改善通风透光条件；维持健壮树势，扩大结果面积。金丝小枣为容易产生分枝的品种，较细的多年生枝短剪后可萌发，对促生侧枝的作用较大，应予注意。

冬季修剪时注意疏除病虫枝、重叠枝、密挤枝、竞争枝和干枯枝等；根据情况适度回缩下垂枝及细弱枝，使各类枝条合理地分布于树冠各部位，并且各有其适量的生长空间，互不干扰。

对于结果能力衰退的老树，可采用更新修剪的办法，促进骨干枝上隐芽萌发，以更新复壮。

（4）金丝小枣落花落果严重　坐果率仅为花朵总数的1%～4%。获取丰产的关键是提高坐果率。以环剥为主要措施，在枣花开放30%～40%时进行环剥，一般宽度为0.3～0.5厘米。

二、冬枣

冬枣是晚熟鲜食枣品种，花量大、萌芽多、极性强、营养生长过旺、枣果喜光性强（这几点远远超过了其他枣类品种），导致其坐果难、保果难，因此常常需要进行夏季修剪，采用的措施主要包括抹芽、拉枝、摘心、环剥、疏枝等。

1. 夏季修剪

（1）抹芽　从春芽萌发开始，结合整形对不做延长枝和结果枝组培养的新生枣头、冗长枣头，留下最基部枣吊抹去。作为冬枣生产中最重要的整形修剪手法，抹芽可以取得事半功倍的整形效果，达到节省养分、平衡树势、稳定树体结构、有利于开花坐果的栽培目的。

（2）拉枝　拉枝在3月下旬至4月上旬，把直立生长的大枝或枣头用绳逐步拉成水平状态，以达到打破极性、促进坐果、提升果实品质的目的。

（3）摘心　即在5月中旬至6月上旬，枣树开花前和开花期间及时摘除前期留芽生长的枣头顶芽或二次枝及枣吊的先端。此法能有效控制营养生长，促壮结果枝吊，并能起到稳定树形、减少幼嫩枝叶对养分的消耗、缓解新梢和花果之间养分争夺矛盾等作用，有效提高冬枣的坐果率。

（4）环剥　是冬枣在生产管理中用来调节生长和结果之间矛盾的最重要的夏剪手段，可有效提高坐果率和抑制生长，防止落果、增大单果重。

（5）疏枝　在果实膨大期（6～9月），对树膛内影响通风透光的过密枝、骨干枝上萌生的幼龄徒长枝、病虫为害枝以及砧木的萌蘖，适当从基部疏掉，以改善树体内部环境，改变养分分配方向。

2. 冬季修剪

（1）幼树期的冬季整形修剪 冬枣幼树期的主要生长特点是栽后前几年内生长量较大，生长势弱强。此期修剪主要是整形为主。以修剪手段来定好干，逐年选留培养好各级骨干枝，开张好骨干枝的角度，为培养丰产树体结构奠定基础。修剪时应采用“先促后缓”“冬夏结合”的修剪方法。此期的修剪原则是：对所有枝条应采取中、重短截，多截不疏，使其多发壮枝，轰条扩冠，再采取成花措施，达到早结果之目的。这一时期修剪要点是：对主、侧枝条适度短截，平行生长的中庸枝条，有空间也应轻短截，增加分枝，扩大结果部位，无空间的不截可缓放，提早结果。适当疏除生长过密或与骨干枝发生竞争的枝条。

（2）初结果期树的冬季整形修剪　这一时期的修剪除建造好树形外，还要培养好各种类型的结果枝组，使树体由有一定产量逐渐向盛果期过渡。修剪以疏间和培养结果枝组为主。当辅养枝与骨干枝发生矛盾时，应及时处理辅养枝，给骨干枝让路。保留下来的强旺直立枝应拉平缓放，使其早结果。对连续结果二年以上的枝条，应及时回缩，以防结果部位外移。对有空间的竞争枝可培养成结果枝组，过密者可疏除。

（3）盛果期树的冬季修剪　通过冬季修剪，维持良好的树形，改善叶幕单位组合，调整露光叶幕表面状况，培养更新结果枝组，克服大小年结果现象，力争高产、稳产和优质，延长盛果期年限。应采取短截、回缩、疏枝和结合夏季摘心及疏花序等措施进行精细修剪。保持结果枝与营养枝的比例为2 ：3或3 ：2。采取疏除或回缩复壮结果枝组。对外围枝条要进行短截和疏花序，加强营养枝生长。疏除过密枝、重叠枝、交叉枝、并生枝等。

（4）结果更新期树的冬季修剪　此期冬枣树生长势势明显变弱，骨干枝开始下垂，内膛秃裸，徒长枝大量发生，但由于枣树有隐芽寿命长而且易萌发的特点，比较容易更新复壮，可在冬季修剪时适当加大和加重修剪量，同时加强土、肥、水管理，达到复壮树势延长结果年限的目的。具体做法是逐年回缩各级骨干枝，利用徒长枝重新培养结果枝组。

参考文献

[1] 张一萍．枣树整形修剪图解．北京：金盾出版社，2009．

[2] 王长柱，高京草，刘振中．冬枣高效栽培技术．西安：陕西科学技术出版社，2003．

[3] 陈敬谊．枣优质丰产栽培实用技术．北京：化学工业出版社，2016．

[4] 张玉星．果树栽培学各论．北方本．北京：中国农业出版社，2003．